职业教育物联网应用技术专业改革创新教材

物联网综合布线技术

主 编 李 萱

副主编 吴妍文

参 编 姚 峥 余华峰 张金君

机械工业出版社

本书根据物联网应用技术专业综合布线教学实训的需求，结合网络综合布线的国家标准和实际布线经验编写而成。同时考虑综合布线实训装置、网络配线和端接实训装置等最新设备的功能和特点，以物联网综合布线教学模型为主线，每个学习单元按项目安排学习任务，对每个学习任务进行任务分析，设置典型行业案例和实训项目，使教学与实训贴近行业应用和就业，提高使用者的操作技能。

　　本书共4个学习单元，主要内容包括学习单元1物联网综合布线技术基础，学习单元2物联网综合布线设计，学习单元3物联网综合布线施工技术，学习单元4物联网综合布线系统测试与验收。

　　本书适合中等职业学校物联网应用技术专业及相关专业教学使用，也可作为国家职业教育技能大赛中职综合布线项目培训教材，还可供计算机工作者及爱好者参考使用。

　　本书配有电子课件，选用本书作为教材的教师可以从机械工业出版社教育服务网（www.cmpedu.com）免费注册下载或联系编辑（010-88379194）咨询。

图书在版编目（CIP）数据

物联网综合布线技术/李萱主编. —北京：机械工业出版社，2016.6（2025.1重印）
职业教育物联网应用技术专业改革创新教材
ISBN 978-7-111-54003-8

Ⅰ. ①物… Ⅱ. ①李… Ⅲ. ①互联网络—布线—中等专业学校—教材 Ⅳ. ①TP393.4

中国版本图书馆CIP数据核字（2016）第129825号

机械工业出版社（北京市百万庄大街22号　邮政编码100037）
策划编辑：梁　伟　　责任编辑：李绍坤
责任校对：王　欣　　封面设计：鞠　杨
责任印制：单爱军

北京虎彩文化传播有限公司印刷

2025 年 1 月第 1 版第 13 次印刷
184mm×260mm · 11.25印张 · 278千字
标准书号：ISBN 978-7-111-54003-8
定价：38.00 元

前言

　　物联网被称为世界信息产业的第三次浪潮，可以预测，未来世界是无处不在的物联网世界，物联网产业前景广阔。物联网综合布线系统是物联网世界存在的基础，在智能建筑、智能家居、智能监控等领域有着广泛的应用。随着技术的不断进步，企业急需大量物联网综合布线规划设计、安装施工、测试验收和维护管理等专业技能人才。

　　本书针对中等职业教育的特点，突出基础性、先进性、实用性和操作性，注重对学习创新能力、实践能力和自学能力的培养。本书以快速培养符合物联网行业发展需求的专业人才，掌握工程实用技术和积累工作经验为目的安排教学内容，并以相关国家标准为依据，以学习单元、任务驱动为手段，介绍了基本概念和工作流程，总结了综合布线设计原则和安装规范，安排了大量物联网典型行业应用案例和实训项目。

　　本书比较全面系统地介绍了物联网综合布线技术，共四个学习单元，学习单元1介绍了物联网综合布线技术的基本概念、关键技术、常用器材和常用工业标准；学习单元2介绍了物联网综合布线设计的基本知识；学习单元3介绍了综合布线各个子系统的工程布线设计方法和施工技术、智能家居系统布线施工技术、智能监控系统布线施工技术和电力线通信系统布线施工技术；学习单元4介绍了物联网综合布线系统测试和验收技术。

　　本书注重使学生通过实训掌握技能，实训产品选用连续三年协办全国职业院校技能大赛网络布线和物联网智能家居安装与维护项目的上海企想信息技术有限公司产品。

　　本书由李萱任主编，吴妍文任副主编，参与编写的还有姚峥、余华峰和张金君。

　　本书参考了多个国家标准和技术白皮书，也参考了多本相关教材和论文，在此表示感谢。

　　物联网综合布线技术是一门跨学科的新兴技术，加上编者水平有限，书中如有不足和疏漏之处，恳请读者批评指正。

编　者

目录 CONTENTS

CONTENTS 目录

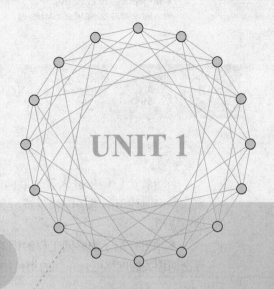

UNIT 1

学习单元1
物联网综合布线技术基础

单元概述

通过介绍物联网综合布线的应用和关键技术，了解物联网工程与综合布线的基本概念及关系。在本单元的学习和操作中，将对物联网综合布线系统有一个初步的介绍，以熟悉物联网综合布线中常用的缆线、布线器材、工具和设备，并学会查阅物联网综合布线所涉及的各种标准与规范。

学习目标

- 了解物联网工程的概念与关键技术
- 了解综合布线的概念、组成和应用
- 学习工作场地的规章制度和安装施工原则
- 认识物联网综合布线中常用的工具、材料和设备
- 了解物联网工程和综合布线工程的常用标准与规范

项目1　物联网综合布线简介

项目描述

当今社会已逐步进入了物联网时代。在生活中酒店用餐时使用的电子点菜系统、住宿时使用的电子门禁系统，在工作中使用的考勤系统等，都是物联网工程的典型应用。

本项目介绍了物联网工程的相关概念，物联网工程的关键技术以及与物联网工程密切相关的网络综合布线的相关知识。

项目目标

通过了解物联网工程的应用和关键技术，了解物联网的基本概念，物联网与互联网的关系，以及物联网工程的布线技术，从而比较全面地认识物联网的发展应用和工程布线技术。

任务1　物联网综合布线相关概念

任务描述

互联网已全面进入了每个人的生活和工作中，物联网是在互联网的基础上发展起来的一种新型的网络系统，两者密切相关。要认识物联网，可以通过寻找身边的、校园内的物联网技术应用，来学习物联网工程的基本概念。

任务目标

寻找在身边的物联网技术运用，了解物联网工程的基本概念。

任务实施

一、了解身边的物联网技术应用

案例1　校园门禁系统

当同学们在上学、放学进出校园门口的时候，在校园门口安装的射频阅读装置会自动对人

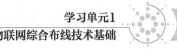

学习单元1
物联网综合布线技术基础

学习单元1

学习单元2

学习单元3

学习单元4

参考文献

员信息进行读取，然后将自动采集的信息传送到后端系统进行存储分析，系统自动以短信的形式将学生的出入信息及时通知家长，家长就能及时知道孩子的动态信息。

案例2　校园安防系统

在校园中，在教室、走廊、宿舍的房顶、墙面上看到许多烟雾、温度感知装置，当烟雾浓度和温度超过危险值时，传感系统自动启用灭火装置进行灭火，同时发出警报将险情传给安保中心及时处理险情。

在校园围墙上，可以看到许多红外感应装置。这种装置能够有效防止非法入侵人员，并通过监控和定位跟踪技术对获取的信息进行判断（如物体的尺寸、位置），将感知到的信息传递到安保人员处，安保人员通过监控画面跟踪、确定危险人员并及时赶往现场。

以上这些校园安防设备，就是利用图像识别、GPS、无线传感网络和遥感、智能识别等技术，合理部署多级传感器全面感知校园的环境、物品及外来入侵人员的变化情况，及时提示或者报警。

二、物联网工程的相关概念

关于物联网的概念和定义，学术界和业界有多种认识和观点。一种概念从物联网与互联网的对比角度认为，物联网是通过射频识别（RFID）、红外感应器、全球定位系统（GPS）、激光扫描器等信息感传设备，把任何物品与互联网连接起来，进行信息的交换和通信，以实现智能化识别、定位、跟踪、监控和管理的一种网络。另一种概念认为物联网是由具有自我标识、感知和智能的物理实体基于通信技术相互连接形成的网络，这些物理设备可以在无需人工干预的条件下实现协同和互动，为人们提供智慧和集约服务，并具有全面感知、可靠传递、智能处理的特点。

根据物联网与互联网的关系分类，不同的专家学者对物联网给出了各自的定义，下面介绍几种目前比较流行的概念和定义。

1. 物联网是传感网

有的专家认为，物联网就是传感网，只要给人们生活环境中的物体安装传感器，这些传感器可以更好地帮助人类识别环境，但其本身并不接入互联网。例如，上海浦东机场的传感器网络，本身并不接入互联网，却号称是中国第一个物联网。物联网与互联网的关系是相对独立的两个网。

传感网是把所有物品通过RFID和条码等信息感传设备与互联网连接起来，从而实现智能化识别和管理的网络。该定义最早于1999年由麻省理工学院提出，实际上物联网等于RFID技术和互联网结合应用。RFID标签是早期物联网最为关键的技术与主要的产品，当时认为物联网最大规模、最有前景的应用就是在零售和物流领域。利用RFID技术，通过计算机互联网实现物体的自动识别和信息的互联与共享。

2. 物联网是互联网的补充网络

有的专家认为互联网是指人与人之间通过计算机形成的全球性网络，服务于人与人之间的信息交换。而物联网的主体则是各种各样的物品，通过物品间传递信息从而达到最终服务于人的目的，两个网的主体是不同的，因而物联网是互联网的扩展和补充。互联网好比是人类信息交换的动脉，物联网就是毛细血管，两者相互连通，物联网是互联网的有益补充。

3. 物联网是未来的互联网

从宏观概念上讲，未来的物联网将使人置身于无所不在的网络之中，在不知不觉中，人可以随时随地与周围的人或物进行信息交换，这时物联网也就等同于泛在网络，或者说未来的互联网。物联网、泛在网络、未来的互联网，它们的名字虽然不同，但表达的都是同一个愿望，那就是人类可以随时、随地使用任何网络、联系任何人或物，达到信息自由交换的目的。

从上述定义不难看出，物联网的内涵起源于使用RFID对客观物体进行标识，并利用网络进行数据交换这一概念，并不断扩充、延伸和完善。物联网主要由RFID标签、标签阅读器、信息处理系统、编码解析与寻址系统、信息服务系统和互联网组成。通过对拥有全球唯一编码的物品的自动识别和信息共享，实现开放环境下对物品的跟踪、溯源、防伪、定位、监控以及自动化管理等功能。

知识补充

目前流行的各种信息网络

在信息技术行业，目前比较流行的网络技术概念主要有互联网、物联网、传感网、泛在网等。这些概念的来源不同，内涵有重叠，重点各不相同，它们之间的关系如图1-1所示。

图1-1　传感网、物联网和泛在网的关系

1. 传感网

传感网是由各种传感器（光、电、温度、湿度、压力等）与中低速的近距离无线通信技术构成的一个独立的网络，是由多个具有有线/无线通信与计算能力的低功耗、小体积的微小传感器节点构成的网络系统。简单地理解，可以认为传感网重点解决局域或小范围的物与物的信息交换，是物联网末端采用的关键技术之一。

2. 物联网

物联网的概念分为广义和狭义两个方面。广义上讲，物联网是一个未来发展的远景，等同于"未来的互联网"或者"泛在网络"，能够实现在任何时间、地点，使用任何网络的任何人与物的信息交换以及物与物之间的信息交换；狭义上讲，物联网是物品之间通过传感器连接起来的局域网，无论接入互联网与否，都属于物联网的范畴。

物联网需要对物体具有全面感知能力，对信息具有可靠传送和智能处理的能力，从而形成一个连接物体与物体的信息网络。也就是说，全面感知、可靠传送、智能处理是物联网的基本特征，如图1-2所示。

图1-2　物联网的基本特征示意图

"全面感知"是指利用RFID、二维码、GPS、摄像头、传感器、传感器网络等感知、捕获、测量的技术手段，随时随地对物体进行信息的采取和获取。

"可靠传送"是指通过各种通信网络与互联网的融合，将物体接入信息网络，随时随地进行可靠的信息交互和共享。

"智能处理"是指利用云计算、模糊识别等各种智能计算技术，对海量的跨地域、跨行业、跨部门的数据和信息进行分析处理，从而提升对物理世界、经济社会各种活动和变化的洞察力，实现智能化的决策和控制。

3. 泛在网

泛在网是指基于个人和社会的需求，利用现有的网络技术和新的网络技术，实现人与人、物与物、人与物之间按需进行的信息获取、传递、存储、认知、决策、使用等服务，网络超强的环境感知、内容感知及其智能性，为个人和社会提供泛在的、无所不含的信息服务和应用。

泛在网需要这些信息基础设施实现互联、互通，需要资源共享、协同工作，需要进行信息收集、决策分析，因此很自然地就提出了对海量数据的存储、计算等需求。而通过云计算、超级计算机技术来实现存储资源、计算资源、软件资源的整合与共享，可以像水和电一样，为用户提供一种统一的简单的资源利用方式。因此，计算机和云计算将是泛在网信息基础设施中的重要技术。

泛在网的目标是向个人和社会提供泛在的、无所不含的信息服务和应用。从网络技术上讲，泛在网是通信网、互联网、物联网高度融合的目标，它将实现多网络、多行业、多应用、多技术的融合和协同。

综上所述，传感网、物联网、泛在网各有定位，传感网是泛在网和物联网的组成部分，物联网是泛在网发展的物联阶段。通信网、互联网、物联网之间相互协同、融合是泛在网发展的目标。也就是说，通信网、互联网、物联网各自的发展是泛在网的初级发展阶段，泛在网的最终目标是各种网络的高度融合和协同。

任务2　物联网综合布线关键技术

任务描述

"物联网技术"的核心和基础仍然是"互联网技术"，是在互联网技术基础上的延伸和扩展的一种网络技术；其用户端延伸和扩展到了任何物品和物品之间进行信息交换和通信。因此，物联网技术的定义是：通过射频识别（RFID）、红外感应器、全球定位系统、激光扫描器等信息传感设备，按约定的协议，将任何物品与互联网相连接，进行信息交换和通信，以实现智能化识别、定位、追踪、监控和管理的一种网络技术。

任务目标

通过学习"感知中国"计划，全面了解物联网技术：感知技术、传输技术和应用层支撑技术，并进一步了解物联网工程实际中应用到的相关关键技术。

任务实施

一、"感知中国"战略

针对下一代信息浪潮，美国IBM公司已提出"智慧地球"概念，日本和韩国则分别提出了"U-Japan"和"U-Korea"战略，这都是从国家工业角度提出的重大信息发展战略。中国针对物联网到来的信息浪潮，提出了"感知中国"的发展战略。

2009年8月，温家宝总理在视察中科院无锡传感网工程技术研发中心时指出："要在激烈的国际竞争中，迅速建立中国的传感信息中心或'感知中国'中心"，第一次提出了"感知中国"的概念，希望着力突破传感网、物联网关键技术，及早部署后IP时代相关技术研发，使信息网络产业成为推动产业升级、迈向信息社会发展的"发动机"。

之后，物联网被正式列为国家五大新兴战略性产业之一，写入"政府工作报告"，物联网在中国受到了全社会极大的关注。

在"感知中国"概念中，物联网的定义带有了一些中国特色。物联网（Internet of Things）指的是将无处不在（Ubiquitous）的末端设备（Devices）和设施（Facilities），包括具备"内在智能"的传感器、移动终端、工业系统、楼控系统、家庭智能设施、视频监控系统等和"外在使能"（Enabled）的，如贴上RFID的各种资产（Assets）、携带无线终端的个人与车辆等"智能化物件或动物"或"智能尘埃"（Mote），通过各种无线和/或有线的长距离和/或短距离通信网络实现互联互通（M2M）、应用大集成（Grand Integration）以及基于云计算的SaaS营运等模式，在内网（Intranet）、专网（Extranet）和/或互联网（Internet）环境下，采用适当的信息安全保障机制，提供安全可控乃至个性化的实时在线监测、定位追溯、报警联动、调度指挥、预案管理、远程控制、安全防范、远程维保、在线升级、统计报表、决策支持、领导桌面（集中展示的Cockpit Dashboard）等管理和服务功能，实现对"万物"的"高效、节能、安全、环保"的"管、控、营"一体化。

为认真贯彻落实总理讲话精神，推动我国传感网产业健康发展，引领信息产业第三次浪潮，培育新的经济增长点，增强可持续发展能力和可持续竞争力，我国政府将江苏省无锡市定为中国物联网及"感知中国"示范区（中心）。并成立了由中国科学院、江苏省和无锡市三方合作的中国物联网研发中心及集聚产业链上40余家机构的中关村物联网产业联盟。一南一北，由政府大力推动，具备产学研结合特征的两个实体，都意在打造中国的物联网产业中心。物联网"感知中国"的脚步正在加快。

二、物联网工程关键技术

1. 物联网架构关键技术

从技术架构上来看，物联网可分为三层：感知层、网络层和应用层，如图1-3所示。

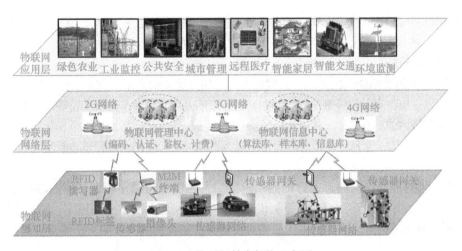

图1-3 物联网基本架构示意图

感知层由各种传感器以及传感器网关组成，包括温度传感器、二维码标签、RFID标签和读写器、摄像头、GPS等感知终端。感知层的作用相当于人的眼耳鼻舌和皮肤等感觉器官，其主要功能是识别物体，采集信息。

网络层由各种企业和事业单位的单位网络、互联网、有线和无线通信网、网络管理系统和云计算平台等组成，相当于人的神经中枢和大脑，负责传递和处理感知层获取的信息。

应用层是物联网和用户（包括人、组织和其他系统）的接口，它与行业需求相结合，实现物联网的智能应用。

2. 物联网感知技术

感知技术也可以称为信息采集技术，它是实现物联网的基础。目前，信息采集主要采用电子标签和传感器等方式完成。在感知技术中，电子标签用于对采集的信息进行标准化标识，数据采集和设备控制通过射频识别读写器、二维码识读器等实现。

（1）RFID技术

射频识别（RFID）即射频识别技术是一种通信技术，可通过无线电信号识别特定目标并读写相关数据，而无需在系统与特定目标之间建立机械或光学接触，即是一种非接触式的自动识别技术。它由三部分组成：

1）标签——由耦合元件及芯片组成，具有存储与计算功能，可附着或植入手机、护照、身份证、人体、动物、物品、票据中，每个标签具有唯一的电子编码，附着在物体上用于唯一标识目标对象。根据标签的能量来源，可以将其分为被动式标签、半被动式标签和主动式标签。根据标签的工作频率，又可将其分为低频（Low Frequency，LF）（30~300kHz）、高频（High Frequency，HF）（3~30MHz）、超高频（Ultra High Frequency，UHF）（300~968MHz）和微波（Micro Wave，MW）（2.45~5.8GHz）。

2）阅读器——读取（有时还可以写入）标签信息的设备，可设计为手持式或固定式。阅读器根据使用的结构和技术不同可以是读或读/写装置，是RFID系统信息控制和处理中心。阅读器通常由耦合模块、收发模块、控制模块和接口单元组成。阅读器和应答器之间一般采用半双工通信方式进行信息交换，同时阅读器通过耦合给无源应答器提供能量和时序。在实际应用中，可进一步通过Ethernet或WLAN等实现对物体识别信息的采集、处理及远程传送等管理功能。

3）天线——在标签和读取器间传递射频信号。标签进入磁场后，接收解读器发出的射频信号，凭借感应电流所获得的能量发送出存储在芯片中的产品信息，或者由标签主动发送某一频率的信号，解读器读取信息并解码后，送至中央信息系统进行有关数据处理。

（2）传感器技术

传感器是机器感知物质世界的"感觉器官"，用来感知信息采集点的环境参数。它可以感知热、力、光、电、声、位移等信号，为物联网系统的处理、传输、分析和反馈提供最原始的信息。随着电子技术的不断进步，传统的传感器正逐步实现微型化、智能化、信息化、网络化。同时，人们也正经历着一个从传统传感器到智能传感器再到嵌入式Web传感器不断发展的过程。

3. 物联网网络通信技术

在物联网的机器到机器、人到机器和机器到人的信息传输中，有多种通信技术可供选择，主要分为有线（如DSL、PON等）和无线（如CDMA、GPRS、IEEE 802.11a/b/g WLAN等）两大类技术，这些技术均已相对成熟。在物联网的实现中，格外重要的是无线传感网技术。

（1）M2M技术

即机器对机器通信，M2M重点在于机器对机器的无线通信，存在以下三种方式：机器对机器，机器对移动电话（如用户远程监视），移动电话对机器（如用户远程控制）。在M2M中，GSM/GPRS/UMTS是主要的远距离连接技术，其近距离连接技术主要有802.11b/g、BlueTooth、ZigBee、RFID和UWB。此外，还有一些其他技术，如XML和Corba以及基于GPS、无线终端和网络的位置服务技术。

（2）无线传感网

传感网的定义为随机分布的集成有传感器、数据处理单元和通信单元的微小节点，通过自组织的方式构成的无线网络。借助于节点中内置的传感器测量周边环境中的热、红外、声纳、雷达和地震波信号，从而探测包括温度、湿度、噪声、光强度、压力、土壤成分、移动物体的速度和方向等物质现象。集分布式信息采集、传输和处理技术于一体的网络信息系统，以其低成本、微型化、低功耗和灵活的组网方式、铺设方式以及适合移动目标等特点受到广泛重视。M2M中，GSM/GPRS/UMTS是主要的远距离连接技术，其近距离连接技术主要有802.11b/g、BlueTooth、ZigBee、RFID和UWB。此外，还有一些其他技术，如XML和Corba以及基于GPS、无线终端和网络的位置服务技术。目前，面向物联网的传感网，主要涉及以下几项技术：测试及网络化测控技术、智能化传感网节点技术、传感网组织结构及底层协议、对传感网自身的检测与自组织、传感网安全。

4. 物联网数据融合与智能技术

物联网是由大量传感网节点构成的，在信息感知的过程中，采用各个节点单独传输数据到汇聚节点的方法是不可行的。因为网络存在大量冗余信息，会浪费大量的通信带宽和宝贵的能量资源。此外，还会降低信息的收集效率，影响信息采集的及时性，所以需要采用数据融合与智能技术进行处理。

所谓数据融合是指将多种数据或信息进行处理，组合出高效且符合用户需求的数据的过程。海量信息智能分析与控制是指依托先进的软件工程技术，对物联网的各种信息进行海量存储与快速处理，并将处理结果实时反馈给物联网的各种"控制"部件。智能技术是为了有效地达到某种预期的目的，利用知识分析后所采用的各种方法和手段。通过在物体中植入智能系统，可以使物体具备一定的智能性，能够主动或被动地实现与用户的沟通，这也是物联网的关键技术之一。

根据物联网的内涵可知，要真正实现物联网需要感知、传输、控制及智能等多项技术。物联网的研究将带动整个产业链或者说推动产业链的共同发展。信息感知技术、网络通信技术、数据融合与智能技术、云计算等技术的研究与应用，将直接影响物联网的发展与应用，只有综合研究解决了这些关键技术问题，物联网才能得到快速推广，造福于人类社会，实现智慧地球的美好愿望。

5. 纳米技术

纳米技术是研究尺寸在0.1～100nm的物质组成体系的运动规律和相互作用以及可能实际应用中的技术。目前，纳米技术在物联网技术中的应用主要体现在RFID设备，感应器设备的微小化设计，加工材料和微纳米加工技术上。

知识补充

美国"智慧地球"战略

2009年，美国IBM公司正式提出了"智慧地球"概念。它被美国人认为是振兴经济、确立全球竞争优势的关键战略。

随着技术的发展推动着社会的进步，信息化与人们的学习、工作及生活已经密切相关。"智慧地球"的概念从发展的角度提出了未来社会信息化发展的三个基本特征：

1）世界正在向仪器/工具化方向演变——The world is becoming instrumented.

2）世界正在向互联化方向演变——The world is becoming interconnected.

3）所有事物正在向智能化演变——All things are becoming intelligent.

美国IBM公司认为：三个演变，将是人们生活的世界不可避免的发展趋势。这也是IBM公司提出的"智慧地球"概念的三个支柱。

在美国IBM公司的描述中，首先，世界正在走向仪器/工具化。想象一下，每一个人可以分到十亿只晶体管。传感器可以到处嵌入：在汽车里、各种用具中、摄像机与照相机中、道路上、管线上……甚至医疗器械材料中和牲畜中。其次，世界正在走向互联化。互联网上的网民数量已接近20亿，但系统和对象尚不能相互对话。想象一下万亿互联的智能物品以及他们将会产生的数据海洋。第三，所有的仪器/工具化与互联化的物品正在变得智能化。它们正在被连入强大的新系统。新的系统可以处理所有互联对象产生的数据，并以实时分析的方式将结果呈现出来。

美国IBM公司在提出"智慧地球"概念的同时，提出了21个支撑"智慧地球"概念的主题（解决方案），涉及能源、交通、食品、基础设施、公共安全等各个社会方面，如图1-4所示。

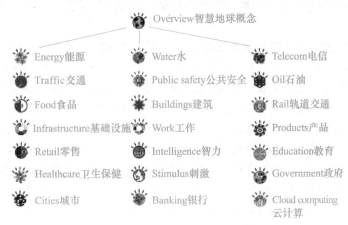

图1-4 "智慧地球"的21个主题

由图1-4可见，"智慧地球"概念下辖的21个主题覆盖了现代社会人们学习、工作和生活的主要方面。也可以认为，在图1-4所示列出的21个主题范围内实现了智慧互联、信息即时共享与优化利用，人们生活的地球从宇宙视角来看，也就体现出了一个"智慧地球"的样子。

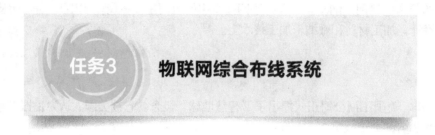

任务3　　**物联网综合布线系统**

任务描述

综合布线是物联网强有力的支撑。物联网工程施工内容中大多数工程项目都属于综合布线系统范畴。本任务主要学习综合布线系统的基本概念及基本组成。

任务目标

通过了解物联网与综合布线的关系，完成对校园网的一个通信链路的考察。从而掌握物联网综合布线的概念与组成。

任务实施

一、物联网与综合布线系统

物联网将涉及智能楼宇、智能家居、路网监控、个人健康与数字生活等诸多领域，形成基于海量信息和智能过滤处理的新生活，面向未来构建全新的城市发展形态。

综合布线系统进入物联网是极其必要的，可以有效地解决目前的远程化管理问题、集中管理频频出现效率低下问题、安全性不高造成的泄密问题、文档管理时间长文档涂改得无法查询问题、端口识别容易脱落问题、资源管理端口大量浪费问题、高成本维护和误操作等一系列问题。

综合布线作为独立的系统，涉及建筑、信息通信、控制等多个领域。经过布线可以实现智能化，对智能建筑、智慧城市的整个建设期和运维期进行管理。通过对布线管理和网络管理，与城市综合管线的管理进行集成，从而实现资源共享。在当前国家宽带提速的政策要求下，将布线系统标识与标签的技术内容加以延伸，注重光纤入户及宽带网络的建设，使之由传统向智能方向转变，实现多领域技术的融合，从而实现工程管理上物联网与互联网的结合。因此综合布线将是物联网的承载者，也是物联网的使用者。

可以认为，物联网的发展会为综合布线的发展提供动力。从物联网技术原理来讲，物联网的发展将会促进接入网、局域网和数据中心的发展。因为没有网络，物联网无从谈起。智慧城市的建立需要信息交流、物质交流以及信息和物质融合交流，对布线的可靠性、安全性、实时性等要求更高，必将为布线的未来带来更多的机遇和挑战。

学习单元1

学习单元2

学习单元3

学习单元4

参考文献

二、综合布线系统

1. 物联网综合布线工程应用实例（见图1-5）

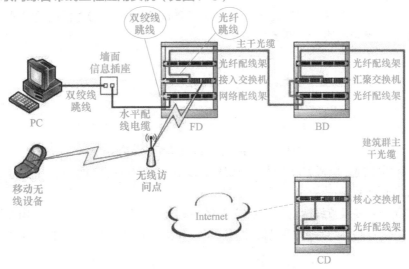

图1-5　通信链路与设备连接图

2. 综合布线系统的概念

综合布线系统（Generic Cabling System，GCS）是一种模块化、结构化、高灵活性的、存在于建筑物内和建筑群之间的信息传输通道。综合布线系统的兴起与发展，是在计算机和通信技术发展的基础上进一步适应社会信息化的需要而发展起来的，同时也是智能大厦发展的结果。

根据国家标准《综合布线系统工程设计规范》（GB 50311—2007）的定义，综合布线系统是由各种传输介质（电缆和光缆）、相关连接硬件（如配线架、插接器、插座、插头、适配器等）以及电气保护设备等构建而成的完整的、结构化的布线系统。它是开放式网络拓扑结构，应能支持语音、数据、图像、多媒体等信息传输业务。图1-6所示为综合布线系统的系统结构示意图。

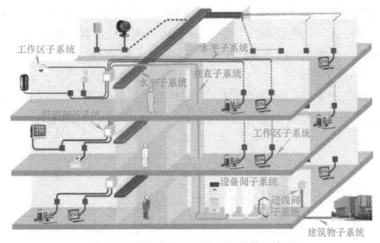

图1-6　综合布线系统的系统结构示意图

3. 综合布线系统的组成

综合布线系统普遍采用模块化结构，即子系统结构。拓扑结构一般采用分层星状结构，每个分支子系统相对独立，对每个分支子系统的改动都不影响其他子系统。根据国家标准《综合布线系统工程设计规范》（GB 50311—2007）的定义，图1-7为综合布线系统的基本组成结构图。其中，CD为建筑群配线设备，BD为建筑物配线设备，FD为楼层配线设备，CP为集合点，TO为信息插座模块，TE为终端设备。

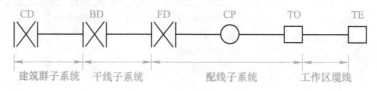

图1-7　综合布线系统基本组成结构图

根据作用的不同，可将综合布线系统划分成以下7个相对独立的部分。

（1）工作区子系统

一个独立的需要设置终端设备（TE）的区域划分为一个工作区。工作区由配线子系统的信息插座模块（TO）延伸到终端设备处的连接缆线及适配器组成。工作区子系统的组成如图1-8所示。

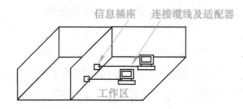

图1-8　工作区子系统示意图

适配器（adapter）可以是一个独立的硬件接口转接设备，也可以是信息接口。综合布线系统工作区信息插座是标准的RJ-45接口模块。如果终端设备不是RJ-45接口，则需要另配一个接口转接设备（适配器）才能实现通信。

工作区子系统常见的终端设备有计算机、电话机、传真机和电视机等。因此工作区对应的信息插座模块包括计算机网络插座、电话语音插座和CATV有线电视插座等，并配置相应的连接缆线，如RJ-45—RJ-45连接缆线、RJ-11—RJ-11电话线和有线电视电缆。

需要注意的是，信息插座模块尽管安装在工作区，但它属于配线子系统的组成部分。

（2）配线（水平）子系统

配线子系统由工作区的信息插座模块、信息插座模块至电信间配线设备（FD）的配线电缆和光缆、电信间的配线设备及设备缆线和跳线等组成，如图1-9所示。

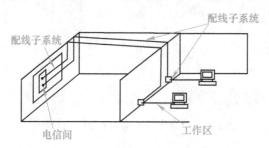

图1-9　配线子系统示意图

配线设备（distributor）是电缆或光缆进行端接和连接的装置。在配线设备上可进行互连或交接操作。交接采用接插软线或跳线连接配线设备和信息通信设备（数据交换机、语音交换机等），互连是不用接插软线或跳线，而使用连接器件把两个配线设备连接在一起。通常的配线设备就是配线架（patch panel），规模大一点的还有配线箱和配线柜。电信间、建筑物设备间和建筑群设备的配线设备分别简称为FD、BD和CD。

在综合布线系统中，配线子系统要根据建筑物的结构合理选择布线路由，还要根据所连接不同种类的终端设备选择相应的缆线。配线子系统常用的缆线是4对屏蔽或非屏蔽双绞线、同轴电缆或双绞线跳线。对于某些高速率通信应用，配线子系统也可以使用光缆构建一个光纤到桌面的传输系统。

（3）干线（垂直）子系统

干线子系统是综合布线系统的数据流主干，所有楼层的信息流通过配线子系统汇集到干线子系统。干线子系统由设备间至电信间的干线电缆和光缆、安装在设备间的建筑物配线设备（BD）及设备缆线和跳线组成，如图1-10所示。

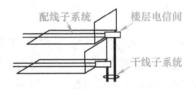

图1-10　干线子系统示意图

干线子系统一般采用大对数双绞线电缆或光缆，两端分别端接在设备间和楼层电信间的配线架上。干线电缆的规格和数量由每个楼层所连接的终端设备类型及数量决定。干线子系统一般采用垂直路由、干线缆线沿着垂直竖井布放。

（4）建筑群子系统

建筑群子系统由连接多个建筑物之间的主干电缆和光缆、建筑群配线设备（CD）及设备缆线和跳线组成，如图1-11所示。

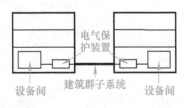

图1-11　建筑群子系统示意图

建筑群子系统提供了楼群之间通信所需的硬件，包括电缆、光缆以及防止电缆上的脉冲电压进入建筑物的电气保护设备。它常用大对数电缆和室外光缆作为传输缆线。

（5）管理间子系统

管理间子系统主要对工作区、电信间、设备间、进线间的配线设备、缆线和信息插座模块等设施按一定的模式进行标识和记录。

（6）设备间子系统

设备间是在每幢建筑物的适当地点进行网络管理和信息交换的场地。对于综合布线系统工程设计，设备间主要用于安装建筑物配线设备。电话交换机、计算机网络设备（如网络交换机、路由器）及入口设施也可以与配线设备安装在一起。

设备间子系统由设备间内安装的电缆、插接器和有关的支撑硬件组成，如图1-12所示。它的作用是把公共系统设备的各种不同设备互连起来，如将电信部门的中继线和公共系统设备互连起来。为便于设备搬运、节省投资，设备间的位置最好选定在建筑物的第二层或第三层。

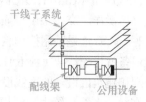

图1-12 设备间子系统示意图

（7）进线间子系统

进线间是建筑物外部通信和信息管线的入口部位，并可作为入口设施和建筑群配线设备的安装场地。

从功能及结构来看，综合布线的7个子系统密不可分，组成了一个完整的系统。如果将综合布线系统比喻为一棵树，则工作区子系统是树的叶子，配线子系统是树枝，干线子系统是树干，进线间、设备间子系统是树根，管理子系统是树枝与树干、树干与树根的连接处。工作区内的终端设备通过配线子系统、干线子系统构成链路通道，最终连接到设备间内的应用管理设备。

知识补充

1）配线设备：是指电缆或光缆进行端接和连接的装置。在配线设备上可进行互连或交接操作，实现配线设备和信息通信设备（数据交换机、语音交换机等）、配线设备和配线设备的连接。通常的配线设备就是配线架，规模大的还有配线箱和配线柜。楼层管理（电信）间、建筑物设备间和建筑群设备的配线设备分别简称为FD、BD和CD。

2）核心交换机是指整个网络主干中核心层的交换机，通常安装在园区网络中心设备间中。汇聚交换机通常是一幢大楼的网络汇聚点，通过楼宇间主干光缆为大楼网络提供到核心层的上行链路，一般安装在大楼设备间或主配线间中。接入交换机则位于各个楼层的管理（电信）间或办公室的配线柜中，是网络中直接面对用户连接、访问网络的交换设备，它通过大楼内的干线与汇聚交换机连接。

项目2 常用的综合布线器材和工具

项目描述

物联网工程布线系统中，各种设备的连接都是通过通信介质和相关硬件来实现的。缆线和连接器件的选择、器材与工具的使用，都直接关系到工程布线系统整体的性能与质量。所以，在实施物联网工程布线之前，首先要认识一些常用的网络传输介质、布线器材与工具。

项目目标

通过学习，了解在物联网工程布线中常用的缆线、管槽及连接件；了解常见的视频监控和安防报警类器材；了解并学会使用常见的布线工具。

任务1　缆线与连接器件

任务描述

通过观察实物与图片，学习综合布线常用的网络传输介质（电缆与光缆）及连接器件的性能及应用范围。

任务目标

了解物联网工程布线中常用的缆线及连接器件；掌握双绞线及光纤的传输特性；掌握常见连接器件的使用方法。

任务实施

在网络传输时，首先遇到的就是通信线路和传输问题。网络通信分为有线通信和无线通信两种。有线通信是利用电缆或光缆来充当传输导体。无线通信是利用卫星、微波、红外线来传输。目前，在物联网工程布线中使用的传输介质主要有双绞线、大对数线、同轴电缆和光缆等。

1. 双绞线电缆

双绞线（Twisted pair，TP）是一种综合布线工程中最常用的传输介质。双绞线是由两根具有绝缘保护层的铜导线组成。把两根具有绝缘保护层的铜导线按一定间距互相绞在一起，可降低信号干扰的程度，每一根导线在传输中辐射出来的电波会被另一根线上发出的电波抵消。

双绞线是目前物联网工程布线中最常用的一种传输缆线。与光缆相比，双绞线在传输距离和数据传输速率等方面均受到一定限制，但价格较为低廉、施工方便。

物联网工程布线中常用的双绞线电缆分类，如图1-13所示。

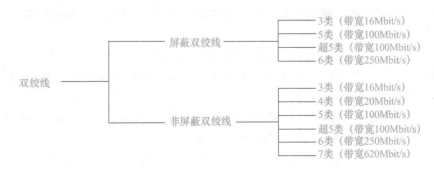

图1-13　双绞线的分类

1）按结构分。

可分为非屏蔽双绞线（UTP: Unshielded Twisted Pair）和屏蔽双绞线（STP: Shielded Twisted Pair）。

屏蔽双绞线根据屏蔽方式的不同，又分为STP（Shielded Twisted-Pair）和FTP（Foil Twisted-Pair）两类。STP是指每条线都有各自屏蔽层的屏蔽双绞线，而FTP则是采用整体屏蔽的屏蔽双绞线。屏蔽双绞线电缆的外层由铝箔包裹，以减小辐射，但并不能完全消除辐射。屏蔽双绞线价格相对较高，安装时要比非屏蔽双绞线电缆困难。类似于同轴电缆，它必须配有支持屏蔽功能的特殊连结器和相应的安装技术。但它有较高的传输速率，100m内可达到155Mbit/s。

非屏蔽双绞线电缆是由多对双绞线和一个塑料外皮构成。国际电气工业协会为双绞线电缆定义了5种不同的质量级别。

计算机网络中常使用的是3类、5类、超5类以及目前的6类非屏蔽双绞线电缆。3类双绞线适用于大部分计算机局域网络，而5类、6类双绞线利用增加缠绕密度、高质量绝缘材料，极大地改善了传输介质的性质。

2）按电气性能分。

可分为：1类、2类、3类、4类、5类、超5类、6类、超6类、7类共9种双绞线类型。类型数字越大，版本越新、技术越先进、带宽也越宽，当然价格也越贵。这些不同类型的双绞线标注方法是这样规定的：如果是标准类型则按"cat×"方式标注，如常用的5类线，则在线的外包皮上标注为"cat5"，注意字母通常是小写，而不是大写；如果是改进版，则按"×e"进行标注，如超5类线就标注为"5e"，同样字母是小写，而不是大写。

双绞线技术标准都是由美国通信工业协会（TIA）制定的，其标准是EIA/TIA-568B，具体如下。

1类（Category 1）线是ANSI EIA/TIA-568A标准中最原始的非屏蔽双绞铜线电缆，但它开发之初的目的不是用于计算机网络数据通信，而是用于电话语音通信。

2类（Category 2）线是ANSI EIA/TIA-568A和ISO 2类/A级标准中第一个可用于计算机网络数据传输的非屏蔽双绞线电缆，传输频率为1MHz，传输速率达4Mbit/s，主要用于旧的令牌网。

3类（Category 3）线是ANSI EIA/TIA-568A和ISO 3类/B级标准中专用于10 Base-T以太网络的非屏蔽双绞线电缆，传输频率为16MHz，传输速率可达10Mbit/s。

4类（Category 4）线是ANSI EIA/TIA-568A和ISO 4类/C级标准中用于令牌环网络的非屏蔽双绞线电缆，传输频率为20MHz，传输速率达16Mbit/s。主要用于基于令牌的局域网和10 Base-T/100 Base-T。

5类（Category 5）线是ANSI EIA/TIA-568A和ISO 5类/D级标准中用于运行CDDI（CDDI是基于双绞铜线的FDDI网络）和快速以太网的非屏蔽双绞线电缆，传输频率为100MHz，传输速率达100Mbit/s。

超5类（Category excess 5）线是ANSI EIA/TIA-568B.1和ISO 5类/D级标准中用于运行快速以太网的非屏蔽双绞线电缆，传输频率也为100MHz，传输速率也可达到100Mbit/s，其样品及产品结构如图1-14所示。与5类缆线相比，超5类在近端串扰、串扰总和、衰减和信噪比4个主要指标上都有较大的改进。

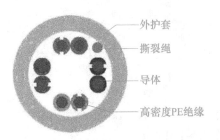

外护套
撕裂绳
导体
高密度PE绝缘

图1-14　UTP cat5e双绞线

6类（Category 6）线是ANSI EIA/TIA-568B.2和ISO 6类/E级标准中规定的一种非屏蔽双绞线电缆，它主要应用于百兆位快速以太网和千兆位以太网中，其样品如图1-15所示。它的传输频率可达200～250MHz，是超5类线带宽的2倍，最大速率可达到1 000Mbit/s，满足千兆位以太网需求。

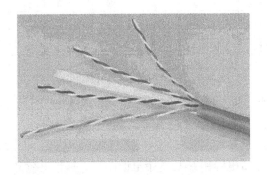

图1-15　UTP cat6双绞线

超6类（Category excess 6）线是6类线的改进版，同样是ANSI EIA/TIA-568B.2和ISO 6类/E级标准中规定的一种非屏蔽双绞线电缆，主要应用于千兆网络中。在传输频率方面与6类线一样，也是200～250MHz，最大传输速率也可达到1 000Mbit/s，只是在串扰、衰减和信噪比等方面有较大改善。

7类（Category 7）线是ISO 7类/F级标准中最新的一种双绞线，主要为了适应万兆位以太网技术的应用和发展。但它不再是一种非屏蔽双绞线了，而是一种屏蔽双绞线，所以它的传输频率至少可达500MHz，又是6类线和超6类线的2倍以上，传输速率可达10Gbit/s。

2. 大对数电缆

大对数电缆（Multipairs Cable）即多对数的意思。大对数电缆综合了电话线缆和双绞线的特点，从传输介质分主要包含3类、5类的UTP（非屏蔽）、FTP（屏蔽）等，从应用场所分有室内、室外两种，常用的有25对、50对、100对。可用于传输语音和数据。由于带宽较低和线对干扰大，一般不用于做数据主干。在物联网工程布线中常用的是25对大对数室内电缆，其样品及产品结构如图1-16所示。

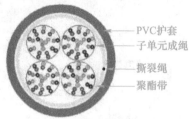

PVC护套
子单元成绳
撕裂绳
聚酯带

图1-16　25对大对数电缆

25对大对数电缆的线序如图1-17所示。

线对序号		标志颜色	线对序号		标志颜色	线对序号		标志颜色	线对序号		标志颜色	线对序号		标志颜色
1	a	白蓝	6	a	红蓝	11	a	黑蓝	16	a	蓝	21	a	紫蓝
	b	蓝		b	蓝		b	蓝		b	蓝		b	蓝
2	a	白橙	7	a	红橙	12	a	黑橙	17	a	橙	22	a	紫橙
	b	橙		b	橙		b	橙		b	橙		b	橙
3	a	白绿	8	a	红绿	13	a	黑绿	18	a	绿	23	a	紫绿
	b	绿		b	绿		b	绿		b	绿		b	绿
4	a	白棕	9	a	红棕	14	a	黑棕	19	a	棕	24	a	紫棕
	b	棕		b	棕		b	棕		b	棕		b	棕
5	a	白灰	10	a	红灰	15	a	黑灰	20	a	灰	25	a	紫灰
	b	灰		b	灰		b	灰		b	灰		b	灰

图1-17　25对大对数电缆线序

其规律为白、红、黑、黄、紫与蓝、橙、绿、棕、灰相互交叉组合。

3. 同轴电缆

同轴电缆从用途上分可分为基带同轴电缆和宽带同轴电缆（即网络同轴电缆和视频同轴电缆）。同轴电缆分50Ω基带电缆和75Ω宽带电缆两类。基带电缆又分为细同轴电缆和粗同轴电缆。基带电缆仅用于数字传输，数据率可达10Mbit/s。其样品如图1-18所示。

图1-18　同轴电缆

4. 光纤与光缆

光纤是光导纤维的简写，是一种利用光在玻璃或塑料制成的纤维中的全反射原理而做成的光传导工具。由于光纤通信具有频率带宽大、不受外界电磁干扰、衰减较小、传输距离远等优点，所以目前网络布线工程中垂直干线、建筑群干线的数据通信一般都使用光纤布线。近年来随着技术的发展，光纤到户、光纤到桌面逐渐成为了现实。

光纤在结构上由两个基本部分组成：由透明的光学材料制成的芯和包层、涂敷层。

按光在光纤中传输模式的不同，光纤可分为：单模光纤和多模光纤。其原理如图1-19所示。

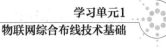

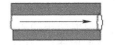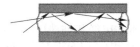

单模光纤　　　　　　　多模光纤

图1-19　光纤反射原理

光导纤维电缆由一捆纤维组成，简称为光缆。一根光缆由一根至多根光纤组成，外面再加上保护层，其结构如图1-20所示。常用的光缆有4芯、6芯、12芯等多种规格，且分为室内光缆和室外光缆两种。

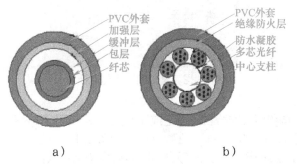

a)　　　　　　　　　　　　　　　　b)

图1-20　光缆结构图

a）单光芯光缆结构图　b）多光芯光缆结构图

5. 双绞线连接器件

双绞线连接器件主要有配线架、信息插座和跳接线。

（1）RJ连接头

在网络布线中用到的RJ连接头（俗称水晶头）有两种，一种是RJ-45，另一种是RJ-11。

RJ-45水晶头是使用国际性的接插件标准定义的8个位置（8针）的模块化插孔或者插头。

RJ-11水晶头是一种非标信的接插件，一般使用4针的版本，用于语音链路的连接。

RJ-45水晶头一般有5类、超5类、6类和7类之分，每种水晶头都有非屏蔽和屏蔽两种型号。在网络布线中常用的水晶头如图1-21所示。

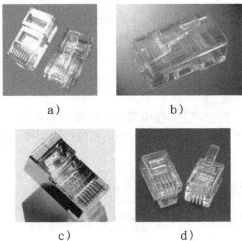

a)　　　　　　　　　　　　b)

c)　　　　　　　　　　　　d)

图1-21　各类常见水晶头

a）RJ-45超5类非屏蔽　b）RJ-45 6类非屏蔽　c）RJ-45 6类屏蔽　d）RJ-11非屏蔽

学习单元1

学习单元2

学习单元3

学习单元4

参考文献

（2）信息模块

信息模块用于端接水平电缆和插接RJ连接头。根据应用的不同，信息模块一般分为2对（4芯）的RJ-11语音模块和4对（8芯）的RJ-45数据模块。信息模块和RJ-45连接头一样，也分5类、超5类、6类等几个规格，并有屏蔽和非屏蔽之分。因此，在工程实际中选取信息模块时，要和RJ-45连接头选取相同的规格。常见的网络信息模块如图1-22所示。

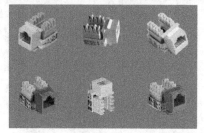

图1-22　常见的网络信息模块

（3）面板与底盒

信息模块通过底盒和面板安装在墙面上或地面上。常用面板分为单口面板和双口面板，面板外形尺寸一般有国标86型和120型。在物联网工程布线中，还会用到一种118型面板。

底盒是与面板相配套的连接件，一般分为明装底盒和暗装底盒。

目前工程中常用的面板和底盒如图1-23所示。

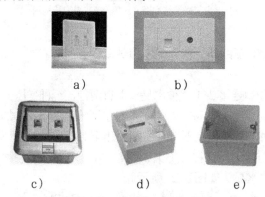

a)　　　　　　　　　　b)

c)　　　　　　　d)　　　　　　　e)

图1-23　常见的面板和底盒

a）86型面板　b）120型面板　c）86型地插　d）86型明装底盒　e）86型暗装底盒

（4）配线架

配线架是电缆进行端接和连接的装置。根据数据通信和语音通信的区别，配线架一般分为数据配线架和110语音配线架。

双绞线配线架的作用是在管理子系统中将双绞线进行交叉连接，用在主配线间和各分配线间。110语音配线架主要用于配线间和设备间的语音缆线的端接、安装和管理。常见的各种配线架如图1-24所示。

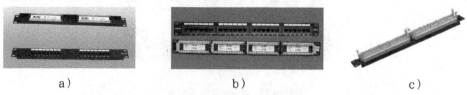

a)　　　　　　　　　　　b)　　　　　　　　　　　c)

图1-24　常见的各种配线架

a）24口cat5e数据配线架　b）24口cat6数据配线架　c）110语音配线架

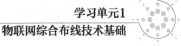

6. 光纤连接器件

一条完整的光纤链路，除了光纤外还需要各种不同的连接器件。主要有光纤配线架、光纤配线盒、光纤插接器、光纤适配器（耦合器）、光纤跳线、光纤模块和光纤面板等，如图1-25所示。

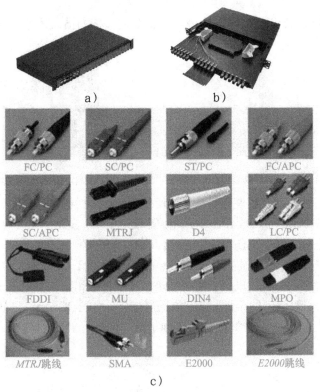

图1-25　各种光纤连接器件

a）光纤配线架　b）光纤配线盒　c）各种光纤插接器及跳线

任务2　管槽及其附件

任务描述

通过实物观察，学习综合布线中各类管槽及其附件的种类、型号、性能及使用范围。

任务目标

掌握常用PVC线管和线槽的种类及性能，了解常见的管槽连接件。

任务实施

在布线系统中，通信缆线必须由管槽系统来支撑和保护。此外，管槽系统还具有屏蔽、接地和美观的作用。在综合布线系统中常用的线管槽有金属线槽、PVC塑料线槽、金属管及PVC塑料管。

线槽分为金属线槽和PVC塑料线槽，金属线槽又称为槽式桥架，如图1-26和图1-27所示。

图1-26　金属线槽　　　　　　　图1-27　PVC塑料线槽

PVC线槽是综合布线工程明敷管槽时广泛使用的一种材料，分为PVC-20系列（20mm×12mm）、PVC-25系列（24mm×14mm或25mm×12.5mm）、PVC-30系列（30mm×15mm）、PVC-40系列（39mm×19mm）等。与PVC槽配套的连接件有阳角、阴角、直转角、平三通、左三通、右三通、连接头和终端头等，如图1-28所示。

槽式桥架是桥架的一种，广泛应用于建筑群主干管线和建筑物内主干管线的安装施工，如图1-29所示。一般使用的金属桥架的规格有50mm×100mm、100mm×100mm、100mm×200mm、100mm×300mm、200mm×400mm等多种规格。

图1-28　PVC线槽配件

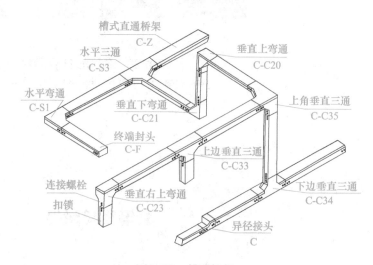

图1-29　槽式桥架

金属管是用于分支结构和暗埋的线路，它的规格也有多种，以外径mm为单位，管的外形如图1-30所示。

工程施工中常用的金属管有$\phi16$、$\phi20$、$\phi25$、$\phi32$、$\phi40$、$\phi50$、$\phi63$、$\phi75$、$\phi110$等规格。

PVC阻燃导管是以聚氯乙烯树脂为主要原料，经加工设备挤压成型的刚性导管。小管径PVC阻燃导管可在常温下进行弯曲。为便于用户使用，按外径分为D16、D20、D25、D32、D40、D45、D63、D53、D110等规格，如图1-31所示。

与PVC管安装配套的附件有接头、弯头、一通接线盒、二通接线盒、三通接线盒、四通接线盒、开口管卡等，如图1-32所示。

图1-30　金属管　　　　图1-31　PVC线管　　　图1-32　PVC线管配件

任务3　视频监控、安防报警类器材

任务描述

通过观察校园内安装的视频监控、安防报警类设备，学习各类视频监控、安防报警器材的种类及性能。

任务目标

了解视频监控、安防报警系统的概念，掌握监控安防器材的种类及性能。

任务实施

一、校园内的视频监控、安防报警类设备（见图1-33）

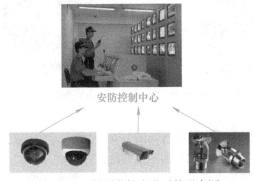

安防控制中心

图1-33　校园监控安防系统示意图

智能管理系统一般包含视频监控系统、安防报警系统、楼宇对讲系统、广播系统、智能化办公系统、智能停车场系统和智能消防系统等，其中应用最广泛的就是视频监控系统和安防报警系统。

二、视频监控类器材

1. 彩色摄像机

彩色监控摄像机与镜头是两个部件，一般不配镜头，用户可以根据使用环境和使用需求选取不同规格和型号的镜头，如图1-34所示。图1-35为彩色摄像机实物。还有一种将镜头系统与摄像机系统集合为一体，并且采用可控制的变焦镜头的摄像机，称为一体化摄像机，如图1-36所示。

图1-34　彩色监控摄像机　　图1-35　彩色摄像机　　图1-36　一体化摄像机

2. 红外摄像机

红外摄像机就是在外壳或者护罩外面安装有红外照明灯的摄像机，这种摄像机往往将摄像机、红外灯和外壳或者护罩集成为一体，适合夜间或者光照不足的场合使用，如图1-37所示。

图1-37　红外摄像机

3. 网络摄像机

它把摄像机采集到的视频信号转换成数字信号，并利用摄像机自带的网卡将这些数字视频信号上传到网络中，而计算机也通过网络来对摄像机进行控制。网络摄像机有无线和有线两种。图1-38为有线网络摄像机。图1-39为无线网络摄像机。

图1-38　有线网络摄像机　　　图1-39　无线网络摄像机

4. 云台与支架

云台是安装和旋转摄像机的支撑设备。图1-40为室内云台，在工程中也称为302云台。图1-41为室外重载云台，在工程中也称为301云台。

支架是一种固定安装的摄像机承载设备，适用于监视范围不大的情况，如图1-42所示。在支架上安装好摄像机后可调整摄像机的水平和俯仰的角度，达到最好的工作姿态后只要锁定调整机构就可以了。

图1-40 室内云台

图1-41 室外重载云台

图1-42 各类云台支架

三、安防报警类器材

安防报警系统一般由3个部分组成，分别为探测器、报警控制器和传输通道。其中探测器采集环境信息并反馈给报警控制器，控制器根据探测器发送来的信号来分析是否需要报警。

1. 一氧化碳探测器

采用催化燃烧的方式探测一氧化碳气体，当探测到的浓度高于一定值时发出报警信号，如图1-43所示。

2. 可燃气体探测器

实时检测单一或多种可燃气体的浓度，当测量浓度达到设定的报警值时发出报警信号，分为催化型和红外光学型两种，如图1-44所示。

3. 温度探测器

利用热敏元件检测环境温度的一种探测器，当检测到环境温度高于或低于设定值时发出报警信号，有定温式、变温式、差定温式等几种，如图1-45所示。

4. 烟雾探测器

烟雾探测器检测环境中的烟雾粒子，当烟雾浓度超过一定浓度时传感器发出声光报警，并向主机发出报警信息。烟雾探测器分为电子式和光电式两种，如图1-46和图1-47所示。

5. 红外探测器

红外探测器是根据红外能量的变化来判断是否有人在移动。当人通过探测区域时，探测器收集到红外能量的位置变化，进而通过分析发出报警。还可以与其他探测方式合并在一起组成双鉴或多鉴探测器。图1-48中，B36为红外探测器护罩，B46为机芯。

图1-43 一氧化碳探测器

图1-44 可燃气体探测器

图1-45 温度探测器

图1-46 电子式烟雾探测器

图1-47 光电式烟雾探测器

图1-48 红外探测器

任务4 常用综合布线工具

任务描述

通过教学演示，学习综合布线常用端接工具、布线工具的名称、种类及使用方式。

任务目标

认识常用的综合布线工具，掌握压线钳、打线刀等常用工具的使用方法。

任务实施

一、教学演示

☆演示内容：跳线（1m）的制作。

☆演示工具：剥线器、压钱钳、钢卷尺。

☆演示材料：cat 5e双绞线3m、RJ-45水晶头2个。

☆演示跳线制作过程，见表1-1。

表1-1 跳线制作过程

工 序	内 容	所需工具
1	裁剪一段1.04m长度的双绞线	压线钳、钢卷尺
2	选择一头，剥去外护套，剥除距离2.5cm	剥线器
3	剪去牵引线	压线钳
4	理线	
5	剪齐线端（留1.5cm）	压线钳
6	将线端塞进RJ-45水晶头内	
7	压接RJ-45水晶头	压线钳
8	重复工序2～7，制作双绞线另一头的端接	压线钳、剥线器

在演示中，剥线器用于去除双绞线的外护套，压线钳用于双绞线芯线与水晶头的压接，这两种工具是双绞线网线制作过程中最主要的制作工具。

二、常用综合布线工具

实际综合布线工程中涉及的工具各种各样，根据工作场景的不同可以分为端接工具、布线工具等。主要用于缆线（光纤）布放、缆线（光纤）剪裁、缆线（光纤）终端加工、验证及验收认证等实际现场施工。

1. 端接工具

端接工具主要用于完成缆线与连接器件之间的端接，主要包括用于铜缆端接的剥线器、压线钳、打线刀等和用于光缆端接的光纤熔接机及配套工具等。

压线钳是综合布线工具中最常用的端接工具，目前常用的压线钳通常为集双绞线切割、剥离外护套、水晶头压接为一体的多功能端接工具。

剥线器用于去除双绞线的外护套。

打线刀适用于缆线与RJ模块、110型模块及配线架的连接作业。通过压接操作，打线钳将双绞线芯线卡接在模块中，完成端接过程。

图1-49中是常用的一些铜缆端接工具实物图。

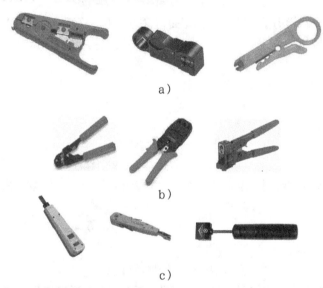

a）

b）

c）

图1-49　常用的剥线钳、压线钳及打线刀

a）各类剥线钳　b）各类压线钳　c）各类打线刀

光纤的连接可以通过熔接机将光纤的端面融化后使两根光纤连接到一起，需要用到光纤熔接机及其配套工具箱；也可以通过光纤连接器进行冷接，有专门与之配套的冷接工具箱，如图1-50～图1-53所示。

图1-50　光纤熔接机

图1-51　光纤工具箱

学习单元1　学习单元2　学习单元3　学习单元4　参考文献

图1-52　光纤切割刀　　　图1-53　光纤冷接工具

2. 布线工具

布线工具主要有用于裁剪管槽线材的手工钢锯、线管剪和线槽剪等，如图1-54所示。

a)　　　　　　　　　b)　　　　　　　　　c)

图1-54　常用管槽工具

a）手工钢锯　b）线管剪　c）线槽剪

有用于弯曲PVC线管的手工弯管器和弯曲钢管的专用弯管器等，如图1-55所示。

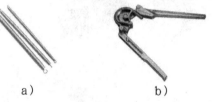

a)　　　　　　　　　　b)

图1-55　常用弯管器

a）PVC线管弯管器　b）钢管弯管器

在布线施工中还经常用到充当旋具和电钻的电动螺钉旋具等，如图1-56所示。

图1-56　电动螺钉旋具

另外，在布线施工中还要用到一些电工工具、辅助设备和特殊工具，如图1-57所示。

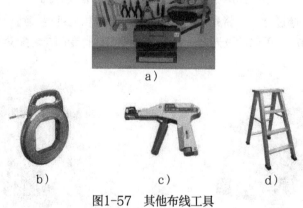

a)

b)　　　　　　　　　c)　　　　　　　　　d)

图1-57　其他布线工具

a）电工工具　b）牵引线　c）绑扎带收紧工具　d）人字梯

项目3　物联网综合布线标准

项目描述

任何正规的工程项目首先必须按照相关标准进行规划和图纸设计，其次编制技术文件和实施方案，最后按照图纸施工和验收。因此图纸是工程师的语言，标准是工程图纸和技术文件的语法。本项目旨在通过学习和了解物联网技术的相关标准，重点介绍物联网工程布线的常用标准、技术白皮书及设计图册知识。

项目目标

了解物联网技术相关标准的发展情况，掌握物联网技术国际和国家标准的主要内容；了解综合布线工程国家标准，掌握综合布线标准中常用的名词术语、符号及缩略词。

任务1　物联网技术国际标准

任务描述

物联网发展过程中，传感、传输、应用各个层面会有大量的技术出现，可能会采用不同的技术方案，形成各行业自己的技术标准。目前，国际上并没有统一的物联网技术标准。本节通过学习目前国际上主要标准化组织在物联网标准制定方面的研究进展情况，了解物联网标准的现状与发展情况。

任务目标

了解欧洲电信标准化协会（ETSI）、国际电信联盟（ITU）等主要国际性标准化组织在物联网技术标准制定上的研究进展。

任务实施

由于物联网是一个范围非常广大的端到端网络，这里面包括了有线网、无线网、传感器网、远距离的传输网络、上层技术平台以及业务平台上的应用，所以物联网是包容性非常大的网络。它涉及的标准组织和工业组织也非常多，例如，在传感器网方面，它涉及ISO等组织，在应用方面它涉及OMA、IETF等组织。

自物联网概念出现以来，各个国际标准化组织都对物联网的技术标准进行了研究和制定，各国政府也纷纷加快了本国物联网技术标准的开发。在物联网标准制定过程中，国家标准与国际标准博弈，各行业、各联盟、各企业之间相互博弈，都使得物联网标准很难达到统一。总体上看，物联网的标准化工作正在全球的多个标准化组织竞相展开，包括国际标准化组织（如ITU、ISO和IEC）、区域性标准化组织（如ETSI）、国家标准化组织（如CCSA、ATIS、TTA、TTC）、行业标准化组织、论坛和任务组（如IETF、IEEE、OMA）等，这些标准化组织各自沿着自己擅长的领域进行研究，所开发的标准有重叠也有分工，但他们之间的竞争大于合作，目前尚缺乏整体的协调、组织和配合。

下面介绍几个主要的国际性标准化组织的研究进展情况。

1. 欧洲电信标准化协会（ETSI）

欧洲电信标准化协会（ETSI）是由欧共体委员会建立的一个非赢利性的电信标准化组织。ETSI采用M2M的概念对物联网标准进行总体架构方面的研究，相关工作的进展非常迅速，是在物联网总体架构方面研究得比较深入和系统的标准组织，也是目前在总体架构方面最有影响力的标准组织。

ETSI专门成立了一个专项小组（M2M TC）并从M2M的角度进行相关标准化研究。ETSI成立M2M TC小组主要是考虑：目前虽然已经有一些M2M的标准存在，涉及各种无线接口、格状网络、路由和标识机制等方面，但这些标准主要是针对某种特定应用场景，彼此相互独立，如何将这些相对分散的技术和标准放到一起并找出不足，这方面所做的工作很少。在这样的研究背景下，ETSI M2M TC小组的主要研究目标是从端到端的全景角度研究机器对机器通信，并与ETSI内NGN的研究及3GPP已有的研究展开协同工作。

M2M TC小组的职责是：从利益相关方收集和制订M2M业务及运营需求，建立一个端到端的M2M高层体系架构（如果需要会制订详细的体系结构），找出现有标准不能满足需求的地方并制订相应的具体标准，将现有的组件或子系统映射到M2M体系结构中，M2M研究解决方案的可操作性（制订测试标准），并就硬件接口标准化方面，与其他标准化组织进行交流及合作。

2. 国际电信联盟（ITU）

国际电信联盟（ITU）在这个领域的研究主要以物联网下属的泛在传感器（USN）为目标，该组织早在2005年就开始进行泛在网的研究，可以说是最早进行物联网研究的标准组织。ITU-T的研究内容主要集中在泛在网总体框架、标识及应用3个方面。ITU-T还在智能家居、车辆管理等应用方面开展了一些研究工作。

ITU-T在泛在网研究方面已经从需求阶段逐渐进入到框架研究阶段，目前研究的框架模型还处在高层层面。同时，ITU-T专门成立了物联网全球标准化工作组（IoT-GSI），正在研究"物联网定义"和"物联网概述"两个国际建议，并在2012年2月份通过。

3. 国际电工技术委员会（IEEE）

在物联网的感知层研究领域，IEEE的重要地位显然是毫无争议的。目前无线传感网领域用得比较多的Zigbee技术就是基于IEEE 802.15.4标准。

IEEE 802系列标准是IEEE 802 LAN/MAN标准委员会制订的局域网、城域网技术标准。1998年，IEEE 802.15工作组成立，专门从事无线个人局域网（WPAN）标准化工作。在IEEE 802.15工作组内有5个任务组，分别制订适合不同应用的标准。这些标准在传输速率、功耗和支持的服务等方面存在差异。

传感器网络的特征与低速无线个人局域网（WPAN）有很多相似之处，因此传感器网络大多采用IEEE 802.15.4标准作为物理层和媒体存取控制层（MAC），其中最为著名的就是ZigBee。因此，IEEE的802.15工作组也是目前物联网领域在无线传感网层面的主要标准组织之一。中国也参与了IEEE 802.15.4系列标准的制订工作，其中IEEE 802.15.4c和IEEE 802.15.4e主要由中国起草。IEEE 802.15.4c扩展了适合中国使用的频段，IEEE 802.15.4e扩展了工业级控制部分。

4. 互联网工程任务组（IETF）

互联网工程任务组（IETF）成立于1985年底，是全球互联网最具权威的技术标准化组织，主要任务是负责互联网相关技术规范的研发和制定，当前绝大多数国际互联网技术标准出自IETF。IETF体系结构分为三类，第一个是互联网架构委员会（IAB），第二个是互联网工程指导委员会（IESG），第三个是在八个领域里面的工作组（Working Group）。标准制定工作具体由工作组承担。

IETF制订是以IP为基础的，适应感知延伸层特点的组网协议。目前IETF的工作主要集中于6LoWPAN和ROLL协议两个方面，6LoWPAN 以IEEE 802.15.4为基础，针对传感器节点低开销、低复杂度、低功耗的要求，对现有IPv6系统进行改造，压缩包头信息，提高对感知延伸层应用的使用能力。而ROLL的目标是使公共的、可互操作的第3层路由能够穿越任何数量的基本链路层协议和物理媒体，例如，一个公共路由协议能够工作在各种网络，如802.15.4无线传感网络、蓝牙个人区域网络以及未来低功耗802.11 Wi-Fi网络之内和之间。

5. 3GPP与3GPP2

第三代合作伙伴计划（3GPP）是领先的3G技术规范机构，是由欧洲的ETSI、日本的ARIB和TTC、韩国的TTA以及美国的T1在1998年底发起成立的，旨在研究制定并推广基于演进的GSM核心网络的3G标准，即WCDMA、TD-SCDMA、EDGE等。中国无线通信标准组（CWTS）于1999年加入3GPP。3GPP的目标是实现由2G网络到3G网络的平滑过渡，保证未来技术的后向兼容性，支持轻松建网及系统间的漫游和兼容性。

第三代合作伙伴计划2（3GPP2）是于1999年1月成立，由北美TIA、日本的ARIB、日本的TTC、韩国的TTA四个标准化组织发起，主要是制订以ANSI-41核心网为基础，CDMA 2000为无线接口的第三代技术规范。

3GPP和3GPP2也采用M2M的概念进行研究。作为移动网络技术的主要标准组织，3GPP和3GPP2关注的重点在于物联网网络能力增强方面，是在网络层方面开展研究的主要标准组织。

3GPP针对M2M的研究主要从移动网络出发，研究M2M应用对网络的影响，包括网络优化技术等。3GPP研究范围为：只讨论移动网的M2M通信；只定义M2M业务，不具体定义特殊的M2M应用。Verizon、Vodafone等移动运营商在M2M的应用中发现了很多问题，例如大量M2M终端对网络的冲击，系统控制面容量的不足等。因此，在Verizon、Vodafone、三星、高通等公司推动下，3GPP对M2M的研究在2009年开始加速，目前基本完成了需求分析，转入网络架构和技术框架的研究，但核心的无线接入网络（RAN）研究工作还未展开。

相比较而言，3GPP2相关研究的进展要慢一些，目前关于M2M方面的研究多处于研究报告的阶段。

任务2　物联网技术国家标准

任务描述

当前，物联网已经从物联网概念向产业转型，物联网技术已慢慢地应用到了我国智能电网、智能交通、智能物流、智能家居、环境与安全检测、工业与自动化控制、医疗健康、精细农牧业、金融与服务业、国防军事等各个行业。但由于缺乏统一规划，到目前为止也没有形成统一的国家标准。

任务目标

本任务通过学习我国制定、开发物联网技术国家标准化的进程，了解物联网技术在我国的发展状况。

任务实施

当前我国物联网发展还"比较粗放"。尽管各地政府部门都在试点，但是在全国范围内尚未进行统筹规划，部门之间、地区之间、行业之间的分割情况较为普遍，产业缺乏顶层设计，资源共享不足。

为解决我国物联网技术标准化问题，我们政府将物联网列入"十二五"发展规划，成为我国战略性新产业之一。由政府牵头带领核心产业面向重点业务应用，加强关键技术的研究，建设标准验证、测试和仿真等标准服务平台，加快关键标准的制定、实施和应用。积极参与国际标准制定，整合国内研究力量形成合力，推动国内自创新研究成果推向国际。

下面介绍一些国内具有权威性的针对物联网技术标准化的工作组，来了解当前我国在物联网技术标准方面的制定和研发进程。

1. 电子标签国家标准工作组

2004年1月30日，由原信产部、国标委、代码管理中心牵头，清华大学、北京大学、上海交通大学、北京邮电大学以及国内60多家电子标签的大型企业共同参与，正式成立了电子标签国家标准工作组。同年9月，由于"电子标签相关国家标准的制定机构之间工作重复，为保证电子标签技术和管理规范有序，确保正在制定中的相关标准之间协调一致"等原因，电子标签国家标准工作组被暂停。

为促进我国电子标签技术和产业的发展，加快国家标准和行业标准的制/修订速度，充分发挥政府、企事业、研究机构、高校的作用，经原信息产业部科技司批准，2005年12月2日，电子标签标准工作组在北京正式宣布成立。该工作组的任务是联合社会各方面力量，开展电子标签标准体系的研究，并以企业为主体进行标准的预先研究和制/修订工作。该工作组是由组长、联络员、成员、专题组和秘书处构成。专题组包括7个，分别是总体组、知识产权组、频率与通信组、标签与读写器组、数据格式组、信息安全组和应用组。成员分为全权成员和观察成员。

电子标签标准工作组成员单位参与制定的RFID标准主要有《全国产品与服务统一标识代码编制规则》（GB 18937—2003）《铁路机车车辆自动识别设备技术条件》（TB/T 3070—2002）以及在上海市使用的《送检动物电子标示通用技术规范》（DB31/T 341—2005）。

电子标签标准工作组目前已经公布的相关RFID标准主要有参照ISO/IEC 15693标准的识别卡和无触点的集成电路卡标准，即《识别卡无触点的集成电路卡邻近式卡第1部分：物理特性》（GB/T 22351.1—2008）和《识别卡无触点的集成电路卡邻近式卡第3部分：防冲突和传输协议》（GB/T 22351.3—2008）。

2. 传感器网络标准工作组（WGSN）

2009年9月11日，传感器网络标准工作组成立大会暨"感知中国"高峰论坛在北京举行。传感器网络标准工作组是由国家标准化管理委员会批准筹建，全国信息技术标准化技术委员会批准成立并领导，从事传感器网络（简称传感网）标准化工作的全国性技术组织。

传感器网络标准工作组的主要任务是根据国家标准化工作的方针政策，研究并提出有关传感网络标准化工作方针、政策和技术措施的建议；按照国家标准制度、修订原则，积极采用国际标准和国外先进标准的方针，制订和完善传感网的标准体系表。提出制订、修订传感网国家标准的长远规划和年度计划的建议；根据批准的计划，组织传感网国家标准的制/修订工作及其他与标准化有关的工作。传感器网络标准工作组成立时，由PG1（国际标准化）、PG2（标准体系与系统架构）、PG3（通信与信息交互）、PG4（协同信息处理）、PG5（标识）、PG6（安全）、PG7（接口）和PG8（电力行业应用调研）等8个专项组构成，现在又增加了PG9（传感器网络网关）、PG10（无线频谱研究与测试）、PG11（传感器网络设备技术要求和测试规范）、HPG1（机场围界传感器网络防入侵系统技术要求）、HPG2（面向大型建筑节能监控的传感器网络技术要求）、HPG3（农业应用研究）和HPG5（智能交通支撑应用）等7个专项组，开展具体的国家标准的制定工作。

3. 中国物联网标准联合工作组

中国物联网标准联合工作组于2010年6月8日宣告成立，它由工信部电子标签标准工作组、信息设备资源共享协同服务（闪联）标准工作组，以及全国信息技术标准化技术委员会传感器网络标准工作组、全国工业过程测量和控制标准化技术委员会共同倡导、发起，包含全国11个部委及下属的19个标准工作组。此联合工作组将紧紧围绕物联网发展需求，统筹规划，整合资源，坚持自主创新与开放兼容相结合的标准战略，加快推进物联网国家标准体系的建设和相关国家标准的制定，同时积极参与相关国际标准的制定，以掌握发展的主动权。

4. 国家物联网基础标准工作组

国家物联网基础标准工作组是国家标准化管理委员会、国家发展和改革委员会于2010年11月联合成立，由物联网基础技术涉及的各标准化技术组织专家组成。

国家物联网基础标准工作组的主要职责为研究符合中国国情的物联网技术架构和标准体系的建议；提出物联网关键技术和基础通用技术标准制修订项目建议并开展标准研制；与各应用标准工作组进行沟通衔接并做好基础标准和应用标准的协调工作；负责相应国际标准推进工作。

工作组下设物联网总体项目组、物联网标识技术项目组、物联网信息安全技术项目组、物联网国际标准化研究组，分别负责开展物联网基础领域总体技术标准研究、物联网标识和编码标准研究、物联网信息安全标准研究及物联网国际标准化研究。同时，工作组对接五个行业领域应用组：物联网社会公共安全领域应用标准工作组、物联网环保领域应用标准工作组、物联网交通领域标准化工作组、农业物联网行业应用标准工作组、林业物联网行业应用标准工作组，负责基础标准和应用标准的衔接和协调工作。

　　5. 泛在网技术工作委员会

　　2010年2月2日，中国通信标准化协会（CCSA）泛在网技术工作委员会（TC10）成立大会暨第一次全会在北京召开。TC10的成立，标志着CCSA今后在泛在网技术与标准化的研究上将更加专业化、系统化、深入化，必将进一步促进电信运营商在泛在网领域进行积极的探索和有益的实践，不断优化设备制造商的技术研发方案，推动泛在网产业健康快速发展。

　　一个新兴产业的发展，最重要的是掌握标准。我国的无线传感网络及其应用研究启动较早，是我国科技领域少数位于世界前列的方向之一。在国际标准制定中享有话语权，对前沿科技领域的可持续发展和产业化具有重要意义。目前，我国物联网技术的研发水平已位于世界前列，在一些关键技术上处于国际领先地位，与德国、美国、日本等国一起，成为国际标准制定的主要国家，逐步成为全球物联网产业链中的重要一环。

任务3　综合布线工程国家标准

任务描述

　　智能建筑是物联网技术的一个重要的应用领域，综合布线系统对智能建筑的兴起和发展起到了积极的推动作用，已经成为建筑物的基础设施，为建筑物内的信息网络及各种机电设备系统信息的传递提供了宽带的传输通道，已成为了智能建筑必备的一个重要组成部分。因此，综合布线技术标准也成为了物联网技术的一个基础性标准。

任务目标

　　了解综合布线常用国际及国家标准的主要内容，掌握标准中出现的常用名词术语、符号及缩略词。

任务实施

一、综合布线标准简介

　　随着城市建设及信息通信事业的发展，现代化的商住楼、办公楼、园区等各类民用、工业建筑对信息的要求已成为城市建设的发展趋势。为了将语音、数据、图像及多媒体等不同业务的设备的布线网络组合在一套标准的布线系统上，使各种设备终端插头都能插入标准的插座内，相关组织制定了综合布线系统标准。在标准与规范的指导和强制执行下，综合布线系统使用一套由共用配件所组成的配线系统。将各个不同制造厂家的各类设备连接在一起，从而实现相互之间的兼容，保证了不同业务的信息通信需求。

目前，综合布线系统设计依据的标准主要有我国国家标准、国际标准、北美标准和欧洲标准。制定综合布线系统标准的国际组织主要有国际标准化委员会/国际电工委员会（ISO/IEC）、电信工业联盟/电子工业联盟（TIA/EIA）、欧洲电工标准化委员会（CENTLEC）。

1. 国际标准ISO/IEC 11801

国际标准化委员会/国际电工委员会（ISO/IEC）于1995年7月发布了《信息技术—— 用户通用布线系统标准》（ISO/IEC 11801:1995），该标准确立了缆线和连接器件的评估指标"类（Categories）"，并定义了3类（cat3）、4类（cat4）、5类（cat5），规定缆线和连接部件必须符合相应的类别。同时为综合布线系统的性能等级建立了"级（Classes）"的定义，并定义了Class A、Class B、Class C、Class D等级。该标准编号条款包括标准总规定、系列定义、标准和通信使用的缩略语并附有支持标准。

2002年推出了正式标志ISO/IEC 11801:2002（第2版），新标准定义了6类（cat6）、7类（cat7）缆线标准，把5类D级（cat5/Class D）的系统按照超5类（cat 5e）重新做了定义，同时要求6类和7类链路必须考虑布线系统电磁兼容性问题。

2. 北美标准ANSI EIA/TIA 568

1991年7月，美国电信工业联盟/电子工业联盟颁布了《商业建筑物电信布线标准》（TIA/EIA 568），定义并发布了综合布线系统的缆线及相关组成部件的物理和电气指标。

1995年8月，ANSI EIA/TIA 568A发布，为商用建筑通信缆线和连接硬件的设计与安装提供了通用准则，被网络布线领域广泛采纳和运用。标准的章节包含了标准总则、首字母缩略语表、标准和通信业界使用的术语表等，同时还提供相关规范标准。

经过几个版本的修改，2002年6月正式颁布了新的标准ANSI EIA/TIA 568B。TIA/EIA 568B分为以下3个部分：

1）TIA/EIA 568B-1，"综合布线系统总体要求"，包含了电信布线系统设计原理、安装准则与现场测试相关的内容。

2）TIA/EIA 568B-2，"平衡双绞线布线组件"，包含了组件规范、传输性能、系统模型以及用于验证电信布线系统的测量程序相关的内容。

3）TIA/EIA 568B-3，"光纤布线组件"，包含了与光纤布线系统的组件规范与传输要求相关的内容。

3. 欧洲标准EN 50173

欧洲标准《信息技术—— 通用布线系统》（CENELEC EN 50173）与国际标准ISO/IEC 11801是一致的。只是EN 50173比ISO/IEC 11801更严格，更强调电磁兼容性，提出通过缆线屏蔽层使双绞线对在高带宽传输的条件下，具备更强的抗干扰能力和防辐射能力。该标准有3个版本：EN 50173—1995/EN 50173—2000/EN 50173—2002。

4. 我国国家标准GB 50311—2007

《综合布线系统工程设计规范》（GB 50311—2007）和《综合布线系统工程验收规范》（GB 50312—2007）是我国目前执行的国家标准。新标准是在参考国际标准ISO/IEC 11801:2002和TIA/EIA 568B，依据综合布线技术的发展，总结2000年版国家标准《建筑与建筑群综合布线系统工程设计规范》（GB/T 50311—2000）和《建筑与建筑群综合布线系统工程验收规范》（GB/T 50312—2000）的基础上编写的。新标准将综合布线的系统分

学习单元1
学习单元2
学习单元3
学习单元4
参考文献

级定义到了最新的F级/7类。

二、《综合布线系统工程设计规范》（GB 50311—2007）国家标准简介

《综合布线系统工程设计规范》（GB 50311—2007）国家标准在2007年4月6日以建设部第619号公告，由建设部和国家质量监督检验检疫总局联合发布，于2007年10月1日正式开始实施。

该标准共分为8章：

第1章　总则

第2章　术语和符号

第3章　系统设计

第4章　系统配置设计

第5章　系统指标

第6章　安装工艺要求

第7章　电气防护与接地

第8章　防火

其主要内容如下：

1. 名词术语

1）布线（Cabling）：能够支持信息电子设备相连的各种缆线、跳线、接插软线和连接器件组成的系统。

2）建筑群子系统（Campus Subsystem）：由配线设备、建筑物之间的干线电缆或光缆、设备缆线、跳线等组成的系统。

3）电信间（Telecommunications Room）：放置电信设备、电缆和光缆终端配线设备并进行缆线交接的专用空间。

4）信道（Channel）：连接两个应用设备的端到端的传输通道。信道包括设备电缆、设备光缆和工作区电缆、工作区光缆。

5）CP集合点（Consolidation Point）：楼层配线设备与工作区信息点之间水平缆线路由中的连接点。

6）CP链路（CP Link）：楼层配线设备与集合点（CP）之间，包括各端的连接器件在内的永久性的链路。

7）链路（Link）：一个CP链路或是一个永久链路。

8）永久链路（Permanent Link）：信息点与楼层配线设备之间的传输线路。它不包括工作区缆线和连接楼层配线设备的设备缆线、跳线，但可以包括一个CP链路。

9）建筑物入口设施（Building Entrance Facility）：提供符合相关规范机械与电气特性的连接器件，使得外部网络电缆和光缆引入建筑物内。

10）建筑群主干电缆、建筑群主干光缆（Campus Backbone Cable）：用于在建筑群内连接建筑群配线架与建筑物配线架的电缆、光缆。

11）建筑物主干缆线（Building Backbone Cable）：连接建筑物配线设备至楼层配线设备及建筑物内楼层配线设备之间相连接的缆线。建筑物主干缆线可为主干电缆和主干光缆。

12）水平缆线（Horizontal Cable）：楼层配线设备到信息点之间的连接缆线。

13）永久水平缆线（Fixed Horizontal Cable）：楼层配线设备到CP的连接缆线，如

果链路中不存在CP点，为直接连接至信息点的连接缆线。

14）CP缆线（CP Cable）：连接集合点（CP）至工作区信息点的缆线。

15）信息点（TO, Telecommunications Outlet）：各类电缆或光缆终接的信息插座模块。

16）线对（Pair）：一个平衡传输线路的两个导体，一般指一个对绞线对。

17）交接（交叉连接，Cross—connect）：配线设备和信息通信设备之间采用接插软线或跳线上的连接器件相连的一种连接方式。

18）互连（Interconnect）：不用接插软线或跳线，使用连接器件把一端的电缆、光缆与另一端的电缆、光缆直接相连的一种连接方式。

2. 常用符号与缩略词，见表1-2

表1-2 综合布线常用符号及缩略词

英文缩写	英文名称	中文名称或解释
ACR	Attenuation to Crosstalk Ratio	衰减串音比
BD	Building Distributor	建筑物配线设备
CD	Campus Distributor	建筑群配线设备
CP	Consolidation Point	集合点
dB	dB	电信传输单元：分贝
d. c.	Direct Current	直流
ELFEXT	Equal Level Far End Crosstalk Attenuation(Loss)	等电平远端串音衰减
FD	Floor Distributor	楼层配线设备
FEXT	Far End Crosstalk Attenuation(Loss)	远端串音衰减（损耗）
IL	Insertion Loss	插入损耗
ISDN	Integrated Services Digital Network	综合业务数字网
LCL	Longitudinal to differential Conversion Loss	纵向对差分转换损耗
OF	Optical Fibre	光纤
PSNEXT	Power sum NEXT attenuation(loss)	近端串音功率和
PSACR	Power sum ACR	ACR功率和
PS ELFEXT	Power sum ELFEXT attenuation(loss)	ELFEXT衰减功率和
RL	Return Loss	回波损耗
SC	Subscriber Connector(optical fibre connector)	用户插接器（光纤插接器）
SFF	Small Form Factor connector	小型插接器
TCL	Transverse Conversion Loss	横向转换损耗
TE	Terminal Equipment	终端设备
Vr. m. s	Vroot. mean. square	电压有效值

3. 综合布线系统设计

《综合布线系统工程设计规范》（GB 50311—2007）中的第3章系统设计主要包括了以下内容：

（1）系统构成

1）综合布线系统（GCS）应是开放式结构，应能支持语音、数据、图像、多媒体业务等

学习单元1

学习单元2

学习单元3

学习单元4

参考文献

信息的传递。

2）本规范参考《综合布线系统工程设计规范》（GB 50311—2007）国家标准的规定，将建筑物综合布线系统分为以下7个子系统：工作区子系统、配线子系统、干线子系统、设备间子系统、管理子系统、建筑群子系统、进线间子系统，如图1-58所示。

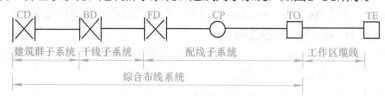

图1-58　综合布线系统基本构成

（2）系统分级与组成

1）综合布线系统应能满足所支持的数据系统的传输速率要求，并应选用相应等级的缆线和传输设备。综合布线铜缆系统的分级与类别划分应符合表1-3的要求。

表1-3　铜缆的分级与类别

系 统 分 级	支持带宽/Hz	支持应用器件	
		电　　缆	连 接 硬 件
A	100k		
B	1M		
C	16M	3类	3类
D	100M	5/5e类	5/5e类
E	250M	6类	6类
F	600M	7类	7类

2）光纤信道分为OF-300、OF-500和OF-2000 3个等级，各等级光纤信道应支持的应用长度不应小于300m、500m及2 000m。

3）综合布线系统信道应由最长90m水平缆线、最长10m的跳线和设备缆线及最多4个连接器件组成，永久链路则由90m水平缆线及3个插接器件组成，如图1-59所示。

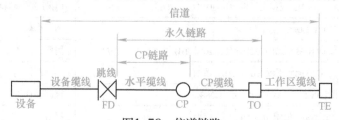

图1-59　信道链路

4）当工作区用户终端设备或某区域网络设备需直接与公用数据网进行互通时，宜将光缆从工作区直接布放至电信入口设施的光配线设备。

（3）缆线长度划分

1）综合布线系统水平缆线与建筑物主干缆线及建筑群主干缆线之和所构成信道的总长度不应大于2 000m。

2）建筑物或建筑群配线设备之间（FD与BD、FD与CD、BD与BD、BD与CD之间）组成的信道出现4个连接器件时，主干缆线的长度不应小于15m。

3）配线子系统各缆线长度应符合如图1-60所示的划分并应符合下列要求。

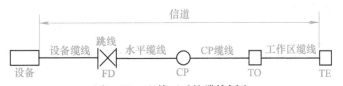

图1-60　配线子系统缆线划分

① 配线子系统信道的最大长度不应大于100m。

② 工作区设备缆线、电信间配线设备的跳线和设备缆线之和不应大于10m。当大于10m时，水平缆线长度（90m）应适当减少。

③ 楼层配线设备（FD）跳线、设备缆线及工作区设备缆线各自的长度不应大于5m。

4. 综合布线系统指标

1）综合布线系统产品技术指标在工程的安装设计中应考虑机械性能指标，如缆线结构、直径、材料、承受拉力、弯曲半径等。

2）相应等级的布线系统信道及永久链路、CP链路的具体指标项目，应包括下列内容：

① 3类、5类布线系统应考虑指标项目为衰减、近端串音（NEXT）。

② 5e类、6类、7类布线系统，应考虑指标项目有插入损耗（IL）、近端串音、衰减串音比（ACR）、等电平远端串音（ELFEXT）、近端串音功率和（PS NEXT）、衰减串音比功率和（PS ACR）、等电平远端串音功率和（PS ELFEXT）、回波损耗（RL）、时延、时延偏差等。

③ 屏蔽的布线系统还应考虑非平衡衰减、传输阻抗、耦合衰减及屏蔽衰减。

3）综合布线系统工程设计中，系统信道的指标值包括以下12项：

回波损耗（RL）；

插入损耗（IL）值；

线对与线对之间的近端串音（NEXT）；

近端串音功率；

线对与线对之间的衰减串音比（ACR）；

ACR功率；

线对与线对之间等电平远端串音（ELFEXT）；

等电平远端串音功率；

信道直流环路电阻（d.c.）；

信道传播时延；

信道传播时延偏差；

信道非平衡衰减。

4）综合布线系统工程中，永久链路的指标参数值包括以下11项内容：

最小回波损耗值；

最大插入损耗值；

最小近端串音值；

最小近端串音功率；

最小ACR值；

最小PS ACR值；

最小等电平远端串音值；

最小PS ELFEXT值；

最大直流环路电阻；

最大传播时延；

最大传播时延偏差。

知识补充

《综合布线系统工程验收规范》（GB 50312—2007）国家标准

中国现在执行的综合布线系统工程验收国家标准为《综合布线系统工程验收规范》（GB 50312—2007），在2007年04月06日颁布，2007年10月1日开始执行。《综合布线系统工程验收规范》（GB 50312—2007）是在原《建筑与建筑群综合布线系统工程验收规范》（GB/T 50312—2000）的基础上进行修订的。

该标准共分为9章，第1章总则，第2章环境检查，第3章器材及测试仪表工具检查，第4章设备安装检验，第5章缆线的敷设和保护方式检验，第6章缆线终接，第7章工程电气测试，第8章管理系统验收，第9章工程验收。

第1章　总则

为统一建筑与建筑群综合布线系统工程施工质量检查、随工检验和竣工验收等工作的技术要求，特制定本规范。

本规范适用于新建、扩建和改建建筑与建筑群综合布线系统工程的验收。

综合布线系统工程实施中采用的工程技术文件、承包合同文件对工程质量验收的要求不得低于本规范规定。

在施工过程中，施工单位必须执行本规范有关施工质量检查的规定。建设单位应通过工地代表或工程监理人员加强工地的随工质量检查，及时组织隐蔽工程的检验和验收。

综合布线系统工程应符合设计要求，工程验收前应进行自检测试、竣工验收测试工作。

综合布线系统工程的验收，除应符合本规范外，还应符合国家现行有关技术标准、规范的规定。

第2章　环境检查

工作区、电信间、设备间的检查应包括下列内容：

1）工作区、电信间、设备间土建工程已全部竣工。房屋地面平整、光洁，门的高度和宽度应符合设计要求。

2）房屋预埋线槽、暗管、孔洞和竖井的位置、数量、尺寸均应符合设计要求。

3）铺设活动地板的场所，活动地板防静电措施及接地应符合设计要求。

4）电信间、设备间应提供220V带保护接地的单相电源插座。

5）电信间、设备间应提供可靠的接地装置，接地电阻值及接地装置的设置应符合设计要求。

6）电信间、设备间的位置、面积、高度、通风、防火及环境温度、湿度等应符合设计要求。

建筑物进线间及入口设施的检查应包括下列内容：

1）引入管道与其他设施如电气、水、煤气、下水道等的位置间距应符合设计要求。

2）引入缆线采用的敷设方法应符合设计要求。

3）管线入口部位应符合设计要求，并采取排水及防止气、水、虫等进入的措施。

4）进线间的位置、面积、高度、接地、防火、防水等应符合设计要求。

5）有关设施的安装方式应符合设计文件规定的抗震要求。

第3章　器材及测试仪表工具检查

1）器材检验应符合相关设计要求，并且具有相应的质量文件或证书。

2）配套型材、管材与铁件的检查应符合相关设计要求和产品标准。

3）缆线的检验应符合相关设计要求和标准规定。

4）连接器件的检验应符合相关设计规定和标准要求。

5）配线设备的使用应符合相关设计规定和标准要求。

6）测试仪表和工具的检验应符合相关标准要求，并且附有检测机构证明文件。

……

第7章　工程电气测试

综合布线工程电气测试包括电缆系统电气性能测试及光纤系统性能测试。各测试结果应有详细记录，作为竣工资料的一部分。

第8章　管理系统验收

管理系统验收主要包含以下几方面的内容：

1）综合布线管理系统。

2）综合布线管理系统的标识符与标签。

3）综合布线系统各个组成部分的管理信息记录和报告。

……

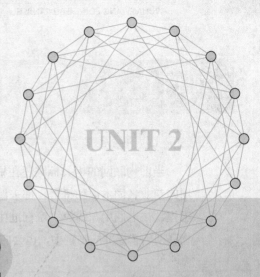

UNIT 2

学习单元 2
物联网综合布线设计

单元概述

　　综合布线常用专业名词术语和符号是相关标准规定的，经常出现在工程技术文件和图样中，是工程设计和读图的基础，也是工程师的语言。只有了解综合布线常用专业名词术语和符号，才能掌握综合布线设计的基本方法，完成综合布线的基本设计任务，达到掌握基本设计技能的要求，为后续真实项目的设计积累知识。

学习目标

● 了解物联网工程的常用专业名词术语和符号
● 学会识读建筑平面设计图
● 学会识读物联网综合布线系统拓扑图
● 学会识读物联网综合布线施工图
● 学会识读物联网综合布线信息点布局图

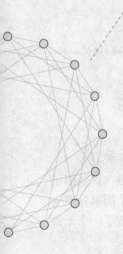

项目1　设计图样和文档

项目描述

当前物联网的相关标准还在框架制定阶段，因此在物联网实际工程设计中采用的专业名词术语和符号，都来源于已经正式颁布或正在制定中的相关综合布线工程、住宅通用布缆等国家标准中规定的名词术语，有些也来源于行业规范。在物联网后续标准的制定中，也会应用和使用这些规范的名词术语和符号。

项目目标

通过学习，掌握物联网综合布线的常用名词术语、常用符号和缩略词的含义。

任务1　物联网综合布线常用名词术语

任务描述

中国综合布线系统国家标准的名词术语根据英文翻译而来。主要参考了ISO/IEC 11801与ANSI EIA/TIA 568的国际标准。这里要重点了解《综合布线系统工程设计规范》（GB 50311—2007）国家标准中出现的常用名词术语。

任务目标

掌握《综合布线系统工程设计规范》（GB 50311—2007）规定的名词术语的含义。

任务实施

《综合布线系统工程设计规范》（GB 50311-2007）规定的名词术语

1. 布线（Cabling）

能够支持信息电子设备相连的各种缆线、跳线、接插软线和连接器件组成的系统。

这里的缆线既包括光缆也包括电缆。连接器件包括光模块和电模块、配线架等，这些都是不需要电源就能正常使用的无电源设备，业界简称为"无源设备"。由此可见这个国家标准规定的综合布线系统里没有交换机、路由器等有电源设备，因此常说"综合布线系统是一个无源系统"，图2-1为楼层配线子系统双绞线电缆布线示意图。

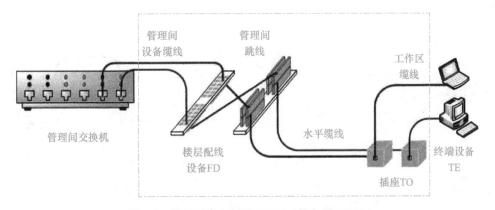

图2-1　楼层配线子系统双绞线电缆布线示意图

2. 建筑群子系统（Campus Subsystem）

由配线设备、建筑物之间的干线电缆或光缆、设备缆线、跳线等组成的系统。这里的配线设备主要包括网络配线架和网络配线机柜，在这里网络配线架一般都是光缆配线架，如图2-2所示。

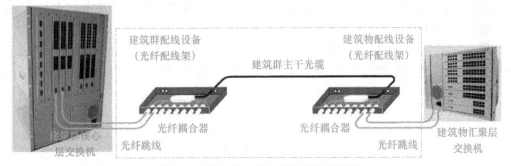

图2-2　建筑群子系统光缆布线示意图

3. 建筑物配线设备（Building Distributor）
主干缆线或建筑群主干缆线终接的配线设备。

4. 楼层配线设备（Floor Distributor）
电缆或者水平光缆和其他布线子系统缆线的配线设备。

5. 建筑群主干光缆（Campus Backbone Cable）
建筑群内连接建筑群配线架与建筑物配线架的电缆、光缆。

6. 建筑物主干缆线（Building Backbone Cable）
建筑物配线设备至楼层配线设备及建筑物内楼层配线设备之间相连接的缆线。

7. 建筑物入口设施（Building Entrance Facility）
相关规范机械与电气特性的连接器件。

8. 水平缆线（Horizontal Cable）
管理间配线设备到信息点之间的连接缆线。如果链路中存在CP集合点，则水平缆线为管理间配线设备到CP集合点之间的连接缆线，如图2-3所示。

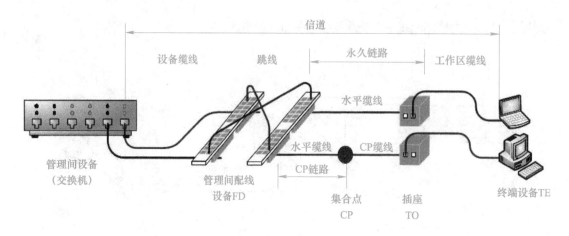

图2-3 布线系统链路构成示意图

9. CP集合点（Consolidation Point）

楼层配线设备与工作区信息点之间水平缆线路由中的连接点。

《综合布线系统工程设计规范》（GB 50311—2007）标准中专门定义和允许CP集合点，其目的就是解决工程实际布线施工中遇到的管路堵塞、拉线长度不够等特殊情况而无法重新布线时，允许使用网络模块进行一次端接，也就是说允许在永久链路实际施工中增加一个接续。注意，不允许在设计中出现集合点。

图2-4为布线系统信道和链路构成图，允许在永久链路的水平缆线安装施工中增加CP集合点。在实际工程安装施工中，一般很少使用CP集合点，因为增加CP集合点可能影响工程质量，还会增加施工成本，也会影响施工进度。

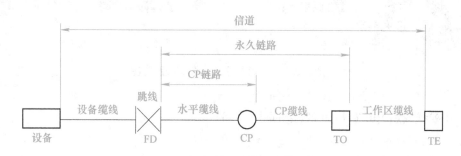

图2-4 布线系统信道和链路构成图

10. CP缆线（CP Cable）

连接CP集合点至工作区信息点的缆线，如图2-3和图2-4所示。

11. CP链路（CP Link）

楼层配线设备与集合点（CP）之间的链路，也包括各端的连接器件。

12. 链路（Link）

一个CP链路或是一个永久链路，如图2-3和图2-4所示。

13. 永久链路（Permanent Link）

信息点与楼层配线设备之间的传输线路，它不包括工作区缆线和设备缆线、跳线，但可以包括一个CP链路，如图2-3和图2-4所示。

14. 信道（Channel）

连接两个应用设备的传输通道，包括设备缆线和工作区缆线。

15. 工作区（Work Area）

需要设置终端设备的独立区域。这里的工作区是指需要安装计算机、打印机、复印机、考勤机等在网络终端使用设备的一个独立区域。在实际工程应用中也就是一个网络插口为一个独立的工作区。

16. 连接器件（Connecting Hardware）

常用的电缆及光缆连接器件如图2-5所示。

a)

b)

图2-5　常用电缆及光缆连接器件

a）电缆连接器件　b）光缆连接器件

17. 光纤适配器（Optical Fiber Connector）

常见的光纤适配器如图2-6所示。

图2-6　常见的光纤适配器

18. 信息点（TO，Telecommunications Outlet）

各类电缆或光缆终接的信息插座模块。

19. 设备电缆（Equipment Cable）

交换机等网络信息设备连接到配线设备的电缆。

20. 跳线（Jumper）

电缆跳线一般有三类，两端带连接器件，一端带、一端不带连接器件，和两端都不带连接器件，连接器件一般是水晶头，机房有时为鸭嘴头，如图2-7所示。

光纤跳线只有一类，必须两端都带连接器件，两端的连接器件可以相同，也可以不同，这里的连接器件主要有ST头、SC头、FC头等多种，如图2-8所示。

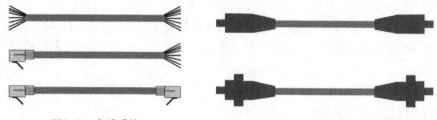

图2-7　电缆跳线　　　　　　　　图2-8　光钎跳线

21. 缆线（Cable），包括电缆、光缆

在一个总护套里，由一个或多个同类型线对组成，并可以包括一个总的屏蔽物，如图2-9所示。

图2-9　缆线

22. 光缆（Optical Cable）

由单芯或多芯光纤构成的缆线，如图2-10所示。

图2-10　四芯多模室内光缆

23. 线对（Pair）

一个平衡传输线路的两个导体，一般指一个对绞的线对，如图2-11所示。

图2-11　一个对绞的线对

24. 平衡电缆（Balanced Cable）

由一个或多个金属导体线对组成的对称电缆。

25. 接插软线（Patch Called）

一端或两端带有连接器件的软电缆或软光缆。

26. 多用户信息插座（Multi-user Telecommunications Outlet）

在某一地点，若干信息插座模块的组合。实际应用中，通常为双口插座。

任务2 物联网综合布线常用符号和缩略词

任务描述

与名词术语相同，由于物联网工程布线标准尚未有统一的国家标准，现在物联网实际工程布线中出现的常用符号和缩略词也主要参考了ISO/IEC 11801与ANSI EIA/TIA 568的国际标准。这里同样要重点了解《综合布线系统工程设计规范》（GB 50311—2007）国家标准中出现的常用符号和缩略词。

任务目标

掌握国家标准《信息技术住宅通用布缆》（GB/T 29269—2012）和《综合布线系统工程设计规范》（GB 50311—2007）中规定的常用缩略词的定义。

任务实施

一、《信息技术住宅通用布缆》（GB/T 29269—2012）国标中规定的缩略语，见表2-1

表2-1 《信息技术住宅通用布缆》（GB/T 29269—2012）中常用的缩略词

序	英文缩写	中文名称或解释	英 文 名 称
1	AC	交流电	Alternating Current
2	ACP	区域连接点	Area Connection Point
3	ACR	衰减串扰比	Attenuation to Cross-talk Radio
4	BCT	广播和通信技术	Broadcast and Communications Technologies
5	BCT B	平衡布缆支持的BCT	BCT supported by balanced cabling
6	BCT C	同轴布缆支持的BCT	BCT supported by coaxial cabling
7	BCT-H	BCT高（信号水平）	BCT high(signal level)
8	BCT-L	BCT低（信号水平）	BCT low(signal level)
9	BCT-M	BCT中等（信号水平）	BCT medium(signal level)
10	BEF	建筑物入口设施	Building Entrance Facility
11	BO	广播插座	Broadcast Outlet
12	CATV	有线电视	Community Antenna TV
13	CC	交叉连接	Cross-Connect
14	CCCB	建筑内的指令、控制和通信	Commands, Controls and Communications in Buildings
15	CCTV	闭路电视	Closed Circuit TV
16	CO	控制插座	Control Outlet
17	DC	直流电	Direct Current
18	EI	设备接口	Equipment Interface

（续）

序	英文缩写	中文名称或解释	英文名称
19	ELFEXT	等电平远端串扰衰减（损耗）	Equal Level Far End Cross-talk attenuation
20	EMC	电磁兼容性	Electromagnetic Compatibility
21	ENI	外部网络接口	External Network Interface
22	EQP	传输设备	Transmission Equipment
23	FEXT	远端串扰衰减（损耗）	Far End Cross-talk
24	ffs	待研究	for further study
25	HES	住宅电子系统	Home Electronic System
26	HF	高频	High Frequency
27	HVAC	供热、通风与空调	Heating, Ventilating, and Air-Conditioning
28	ICT	信息和通信技术	Information and Communications Technology
29	IEV	国际电工技术词汇	International Electrotechnical Vocabulary
30	ISDN	综合业务数字网	Integrated Services Digital Network
31	IL	插入损耗	Insertion Loss
32	lg	常用对数	Logarithm with the basis 10
33	N/A	不适用	Not Applicable
34	NEXT	近端串扰衰减（损耗）	Near-End Cross-talk attenuation (loss)
35	OF	光纤	Optical Fibre
36	PELV	保护性低电压	Protective Extra Low Voltage
37	PHD	住宅主配线架	Primary Home Distributor
38	PS	电源	Power Source
39	PS ACR	ACR功率和	Power Sum ACR
40	PS FEXT	ELFEXT功率和	Power Sum ELFEXT
41	r.m.s	有效值	root mean square
42	SELV	安全性低电压	Safety Extra Low Voltage
43	SHD	住宅次（级）配线架	Secondary Home Distributor
44	TE	终端设备	Terminal Equipment
45	TI	测试接口	Test Interface
46	TO	电信插座	Telecommunications Outlet
47	TV	电视	Television
48	UHF	超高频	Ultra-high Frequency
49	VHF	甚高频	Very High Frequency

二、《综合布线系统工程设计规范》（GB 50311—2007）国标中规定的缩略词，见表2-2

表2-2 《综合布线系统工程设计规范》（GB 50311—2007）中常用的缩略词

序	英文缩写	中文名称或解释	英文名称
1	CD	建筑群配线设备	Campus Distributor
2	BD	建筑物配线设备	Building Distributor
3	FD	楼层配线设备	Floor Distributor
4	TO	信息插座模块	Telecommunications Outlet
5	CP	集合点	Consolidation Point
6	TE	终端设备	Terminal Equipment
7	IP	互联网协议	Internet Protocol

（续）

序	英文缩写	中文名称或解释	英文名称
8	dB	电信传输单元：分贝	dB
9	OF	光纤	Optical Fiber
10	SC	用户连接器（光纤连接器）	Subscriber Connector (optical fiber connector)
11	SFF	小型连接器	Small Form Factor connector
12	ACR	衰减串音比	Attenuation to Crosstalk Ratio
13	ELFEXT	等电平远端串音衰减	Equal Level Far End crosstalk attenuation
14	FEXT	远端串音衰减（损耗）	Far End crosstalk attenuation (loss)
15	IL	插入损耗	Insertion LOSS
16	PSNEXT	近端串音功率和	Power Sum NEXT attenuation (loss)
17	PSACR	ACR功率和	Power Sum ACR
18	PS ELFEXT	ELFEXT衰减功率和	Power sum ELFEXT attenuation (loss)
19	RL	回波损耗	Return Loss

项目2　物联网综合布线设计

项目描述

综合布线施工前，施工人员首先应熟悉施工图纸和文档，了解设计内容及设计意图，明确工程所采用的设备和材料，图纸所提出的施工要求，综合布线工程和主体工程以及其他安装工程的交叉配合，以便及早采取措施，确保在施工过程中不破坏建筑物的强度，不破坏建筑物的外观，不与其他工程发生位置冲突。通常主要有以下几种图纸和文档：建筑平面设计图、综合布线系统图、机柜大样图、设备安装图、管线路由图、接线图以及信息点统计表、材料预算表、端口对照表和施工对照表等。

项目目标

通过学习，能够识读物联网工程用建筑平面设计图；能够绘制简单的物联网工程布线系统拓扑图、布线施工图、布线信息点布局图等常用图纸。

任务1　识读建筑平面设计图

任务描述

建筑平面图是建筑施工图的基本样图，它是假想用一个水平的剖切面沿门窗洞位置将房屋剖切后，对剖切面以下部分所作的水平投影图。它反映出房屋的平面形状、大小和布置；墙、柱的位置、尺寸和材料；门窗的类型和位置等。

任务目标

了解建筑平面图中常见的图标及图例，掌握其代表的含义。

任务实施

一、建筑平面图的主要内容

建筑平面图主要包括建筑物及其组成房间的名称、尺寸、定位轴线和墙壁厚等；走廊、楼梯位置及尺寸；门窗位置、尺寸及编号。门的代号是M，窗的代号是C。在代号后面写上编号，同一编号表示同一类型的门窗，如M-1、C-1；室内地面的高度。建筑平面设计图常见图例见表2-3。

表2-3　建筑平面设计图常见图例

墙	底层楼梯	中间层楼梯	顶层楼梯	电梯
单扇单面弹簧门	单扇双面弹簧门	双扇双面弹簧门	双扇单面弹簧门	自动门
转门	竖向卷帘门	单层固定窗	单层外开平开窗	双层内外开平开窗
通风孔			烟道	
可见检查孔	不可见检查孔	孔洞	马桶	立柱

二、练一练

图2-12是某幢办公大楼中间某层的部分平面图，请根据建筑物平面图的规范，仔细阅读，了解图中的各种元素。

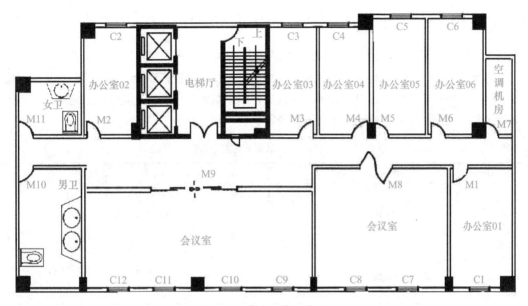

图2-12　宿舍工作区布局

判断图2-12中使用了哪些图例，在表2-4中画"√"或"×"。

表2-4　判断图2-12中使用的图例

图例	楼梯	电梯	转门	马桶	立柱	窗	双扇双面弹簧门	通风孔	自动门
是否使用									

三、建筑平面图的识读

要关注平面图名称、比例及文字说明；平面图的总长、总宽的尺寸以及内部房间的功能关系，布置方式等；房间的开间、进深尺寸；墙（或柱）的平面布置；平面各部分的尺寸；门窗的布置、数量；房屋室内设备配备等情况。

任务2　**识读物联网综合布线系统拓扑图**

任务描述

综合布线系统拓扑图是把综合布线系统中要连接的各个主要元素采取施工要求的方式连接起来，图中不但要明确综合布线中的几大子系统，还要明确缆线线路使用的类型等。

任务目标

掌握物联网综合布线系统拓扑图中主要图标的含义，掌握用Visio或AutoCAD绘制简单的系统拓扑图。

任务实施

一、综合布线系统拓扑图中各图标的含义

在系统拓扑图中，主要由各个图标和必要的简短文字加以说明整个系统线路连接的具体含义。图中的每一个图标均各自代表不同的含义，所以明确每个图标及其作用尤为重要。在设计系统拓扑图的过程中，常见的组成图例见表2-5。

表2-5　常见的组成图例

图标	表示作用	图标	表示作用
CD	建筑群子系统	FD	管理间子系统
BD	建筑物子系统	TO / TP	工作区子系统，其中：TO:数据接口　TP:语音接口
T348-100	机架型100对跳线架	1061004CSL	超5类4对非屏蔽双绞线
PM2150B24	超5类24口配线架		

二、练一练

图2-13是某网络工程公司的工程设计部所提供的一份工程综合布线系统拓扑图图样。

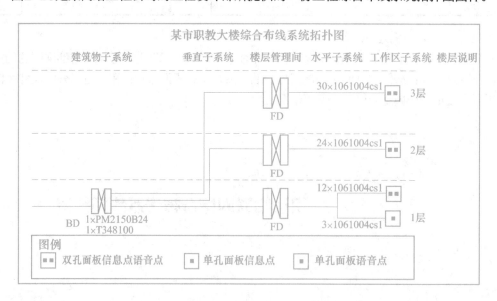

图2-13　某市职教大楼综合布线系统拓扑图

请根据综合布线系统图设计的规范，仔细阅读图样，按要求完成表2-6的内容。

表2-6 阅读图样填表

图例或问题	含义或问题	图例或问题	含义或问题
有几层需要布线?		BD	
▪▪		FD	
24×1061004csl		1×PM2150B24 1×T348100	

任务拓展

图2-14是某网络工程公司的工程设计部所提供的工程综合布线系统拓扑图图样,请根据综合布线系统拓扑图设计的规范,仔细阅读图样,将建筑物的工作区子系统数据、语音信息点分布填入表2-7中。

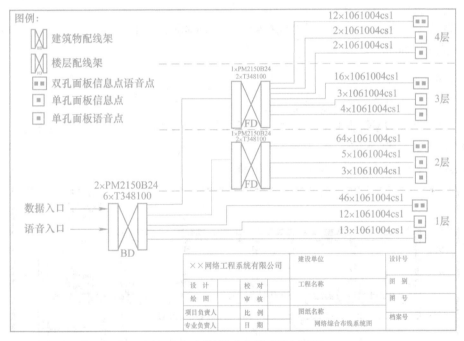

图2-14 网络综合布线系统拓扑图

表2-7 某楼宇综合布线信息点汇总

楼层	数据点	语音点	合计	非屏蔽超5类跳线/条	模块/个		面板		
					数据	语音	双口	单口	
								数据	语音
1层									
2层									
3层									
4层									
合计									

任务描述

综合布线施工平面图是反映整个综合布线过程各个布线路由的一个直观表示，在建筑物平面图的基础上，表示布线工程项目总体布局，施工等要求的样图，准确表达施工意图和要求，是进行工程施工、编制施工图预算和施工组织设计的依据，也是进行技术管理的重要技术文件。

任务目标

了解物联网工程布线施工平面图的主要图标、图例等图样内容；学会用AutoCAD绘制简单的布线施工平面图。

任务实施

一、看懂物联网工程布线施工平面图

在识读综合布线系统施工平面图时，要关注图中表示数据接口和语音接口的图标，仔细观察各信息点的数据接口和语音接口标识接口编号，注意图中的图例、文字说明和平面图设计版本和信息。图2-15是某教学大楼五楼施工平面图。

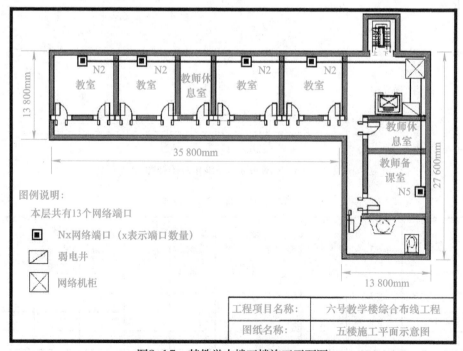

图2-15 某教学大楼五楼施工平面图

二、练一练

如图2-16是某网络工程公司的工程设计部所提供的工程综合布线施工平面图图纸，请根据综合布线系统拓扑图设计的规范，仔细阅读图纸，完成下列问题。

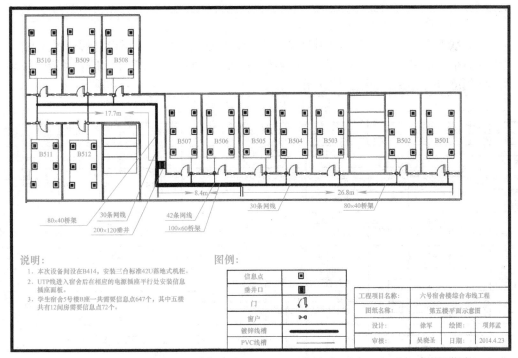

图2-16　宿舍楼网络综合布线施工平面图

问题1：图2-16的图纸名称是＿＿＿＿＿＿＿＿＿＿＿＿＿＿，属于＿＿＿＿＿＿＿＿＿＿工程项目。

问题2：图2-16中![img]表示：＿＿＿＿＿＿＿＿＿＿；![img]表示：＿＿＿＿＿＿＿＿＿＿；
![img]表示：＿＿＿＿＿＿＿＿。

问题3：图2-16中可以读出整个B幢大楼有＿＿＿＿个信息点，其中五楼有＿＿＿＿个信息点。

问题4：图2-16中显示出＿＿＿＿＿＿（明装、暗装）的可能性比较大，根据图示可以看出，工程中除了使用PVC线槽，还使用了＿＿＿＿＿＿＿＿＿＿＿＿＿规格桥架。

任务4　识读物联网综合布线信息点布局图

任务描述

综合布线系统机柜配线架信息点布局图是一张记录端口信息与其所在位置的对应关系的二维表。它是网络管理人员在日常维护和检查综合布线系统端口过程中快速查找和定位端口的依据。

任务目标

能够看懂物联网工程布线信息点布局图，并掌握用Excel软件绘制简单的信息点布局图。

任务实施

一、常见物联网工程布线信息点布局图

综合布线系统端口对照表可分为机柜配线架端口标签编号对照表和端口标签位置对照表。前者表示机柜配线架各个端口和信息点编号的对应关系，如图2-17所示；后者表示信息点编号和其物理位置的关系，如图2-18所示。

机柜配线架端口标签编号对照表

配线架3#

1	2	3	4	5	6	7	8	9	10	11	12	13	14	15	16	17	18	19	20	21	22	23	24
05D49	05D50	05D51	05D52	05D53	05D54	05D55	05D56	05D57	05D58	05D59	05D60												

配线架2#

1	2	3	4	5	6	7	8	9	10	11	12	13	14	15	16	17	18	19	20	21	22	23	24
05D25	05D26	05D27	05D28	05D29	05D30	05D31	05D32	05D33	05D34	05D35	05D36	05D37	05D38	05D39	05D40	05D41	05D42	05D43	05D44	05D45	05D46	05D47	05D48

配线架1#

1	2	3	4	5	6	7	8	9	10	11	12	13	14	15	16	17	18	19	20	21	22	23	24
05D01	05D02	05D03	05D04	05D05	05D06	05D07	05D08	05D09	05D10	05D11	05D12	05D13	05D14	05D15	05D16	05D17	05D18	05D19	05D20	05D21	05D22	05D23	05D24

语音配线架

1	2	3	4	5	6	7	8	9	10	11	12	13	14	15	16	17	18	19	20	21	22	23	24
05V01	05V02	05V03	05V04	05V05	05V06	05V07	05V08	05V09	05V10	05V11	05V12												

项目名称	制表人	徐老师
宿舍楼网络综合布线机柜配线架端口标签编号对照表	制表时间	2011年6月5日
	图标版本号	2001-1-1

图2-17　宿舍楼（5层）网络布线机柜配线架端口标签编号对照表

端口标签位置对照表

标签编号	编号位置	标签编号	编号位置	标签编号	编号位置	标签编号	编号位置	标签编号	编号位置
05D01		05D16		05D31		05D46		05V01	B501
05D02		05D17		05D32		05D47		05V02	B502
05D03	B501	05D18	B504	05D33	B507	05D48	B510	05V03	B503
05D04		05D19		05D34		05D49		05V04	B504
05D05		05D20		05D35		05D50		05D05	B505
05D06		05D21		05D36		05D51		05V06	B506
05D07		05D22		05D37		05D52		05V07	B507
05D08	B502	05D23	B505	05D38	B508	05D53	B511	05V08	B508
05D09		05D24		05D39		05D54		05V09	B509
05D10		05D25		05D40		05D55		05V10	B510
05D11		05D26		05D41		05D56		05V11	B511
05D12		05D27		05D42		05D57		05V12	B512
05D13	B503	05D28	B506	05D43	B509	05D58	B512		
05D14		05D29		05D44		05D59			
05D15		05D30		05D45		05D60			

项目名称	制表人	徐老师
宿舍楼网络综合布线端口标签位置对照表	制表时间	2011-6-5
	图标版本号	2001-1-1

图2-18　宿舍楼网络综合布线端口标签位置对照表

学
习
单
元
1

学
习
单
元
2

学
习
单
元
3

学
习
单
元
4

参
考
文
献

二、练一练

问题1：通过图2-17可以看出该楼层设置了＿＿＿＿＿个配线架，其中有3个是＿＿＿＿＿配线架，一个是＿＿＿＿＿配线架。

问题2：图2-17中标识出该楼层有＿＿＿＿＿个数据信息点，＿＿＿＿＿个语音信息点；其中标号为05D37的信息点接在配线架＿＿＿＿＿上，根据图2-18可以看出其连接在＿＿＿＿＿房间。

问题3：通过图2-17和图2-18可以读出B507房的数据信息点端接在配线架＿＿＿＿＿＿上的＿＿＿＿＿＿＿＿＿＿＿＿＿号端口上。

项目强化　　物联网综合布线设计综合实训

任务描述

根据模拟实际物联网综合布线项目，完成物联网综合布线设计，在识读物联网综合布线设计文档和各类图样的基础上，通过Microsoft Word、Excel、Visio和AutoCAD软件进行物联网综合布线设计的强化。

任务目标

通过对实际楼宇进行综合布线设计，掌握运用Microsoft Word、Excel、Visio和AutoCAD软件，完成物联网综合布线系统拓扑图、施工平面图及信息点布局图等常见图样的设计。

任务实施

一、物联网综合布线设计实训项目说明

1）本实训模拟了一个三层楼宇的联物网工程布线设计项目，项目名称为"××楼宇网络布线工程"。

2）本实训依据《综合布线系统工程设计规范》（GB 50311—2007）要求。

3）本实训提供模拟楼宇的"网络布线工程安装链路俯视图"（见图2-19）和"实训操作仿真墙正（平）面展开图"（见图2-20）。

4）模拟楼宇每个楼层设置1个电信间，每个楼层电信间配置的机柜为6U吊装机柜（模拟），机柜内放置设备/器材（由上至下）为：TV配线架、110跳线架及网络配线架、光纤配线器（从上至下编号依次为T1、T2、T3、T4）。

5）工作区子系统中线盒分为明装线盒与暗装线盒两种。

6）模拟楼宇每层各设置15个信息点，其中双口信息点、单口信息点及TV信息点如图2-20所示。

二、物联网综合布线设计项目要求

1. 网络综合布线系统图设计

使用Visio或者AutoCAD软件,完成CD—TO网络布线系统拓扑图的设计绘制,要求概念清晰、图面布局合理、图形正确、符号标记清楚、连接关系合理、说明完整、标题栏合理(包括项目名称、图纸类别、编制人、审核人和日期,其中编制人、审核人均填写设计者姓名)。

2. 网络布线系统施工图设计

使用Microsoft Visio或者使用AutoCAD软件绘制平面施工图。要求FD—TO布线路由、设备位置和尺寸正确;机柜和网络插座位置、规格正确;图面布局合理,位置尺寸标注清楚正确;图形符号规范,说明正确和清楚;标题栏完整。

3. 信息点点数统计表编制

使用Excel软件,完成信息点点数统计表的编制,要求项目名称正确、表格设计合理、信息点数量正确、日期说明完整。

4. 信息点端口对应表编制

使用Excel软件,完成信息点端口对应表的编制。要求严格按设计描述,项目名称正确,表格设计合理,端口对应编号正确,相关含义说明正确完整,日期说明完整。

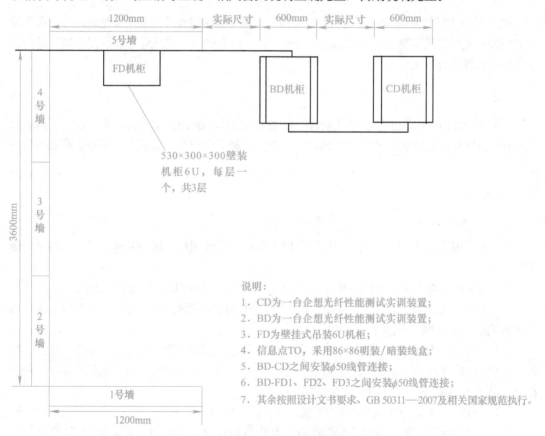

说明:
1. CD为一台企想光纤性能测试实训装置;
2. BD为一台企想光纤性能测试实训装置;
3. FD为壁挂式吊装6U机柜;
4. 信息点TO,采用86×86明装/暗装线盒;
5. BD-CD之间安装φ50线管连接;
6. BD-FD1、FD2、FD3之间安装φ50线管连接;
7. 其余按照设计文书要求、GB 50311—2007及相关国家规范执行。

图2-19 网络布线工程安装链路俯视图

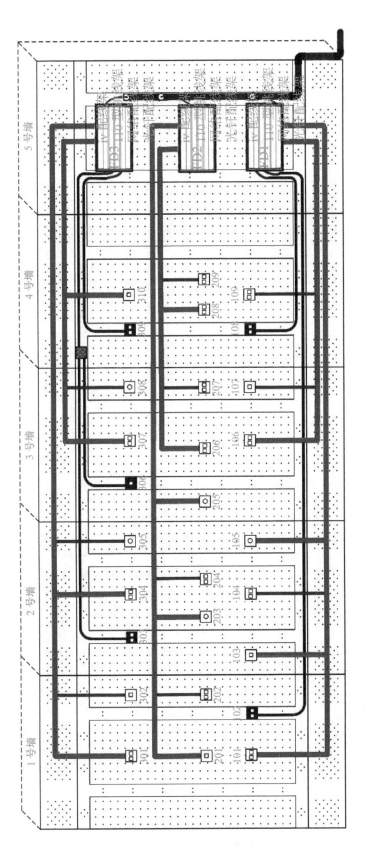

图2-20 实训操作仿真墙正（平）面展开图

图例说明：

双口暗装信息盒（套件）　单口暗装信息盒（套件）　双口明装信息盒（套件）　明装TV信息盒（套件）　黄蜡管　　线管配件

单口暗装信息盒（套件）　单口明装信息盒（线盒）　模拟链路维护孔（线盒）　φ20PVC管　φ50PVC管

PVC40线槽　PVC20线槽

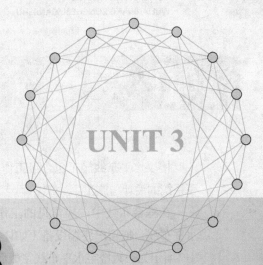

UNIT 3

学习单元3
物联网综合布线施工技术

单元概述

物联网工程施工是一个非常大的系统工程，它涵盖了综合布线施工技术、智能家居布线施工技术、智能监控系统布线施工技术和电力线通信系统布线施工技术等多个方面。

综合布线施工技术主要包含了工作区子系统、配线（水平）子系统、干线子系统、建筑群子系统、管理间子系统和设备间子系统的设计与施工技术。

智能家居布线施工技术主要包含了智能家居布线系统的定义、组成及工程施工要点等。

智能监控系统布线施工技术主要包含了智能监控系统的定义、组成、设备安装及施工要点等。

电力线通信系统布线施工技术主要包含了电力线信息系统的定义和电力线通信系统常用的布线方法等。

学习目标

- 了解综合布线七个子系统的设计规范
- 掌握综合布线七个子系统的安装与工程施工技术
- 掌握智能家居系统布线的工程施工技术
- 掌握智能监控系统布线的工程施工技术
- 掌握电力线通信系统布线的工程施工技术

项目1　　楼层水平布线的施工

项目描述

　　楼层水平布线施工包含了工作区子系统、配线（水平）子系统和楼层管理间子系统的设计与施工。

　　在综合布线中，最常见的工作任务是实施楼层内从电信配线间到工作区的水平布线，把用户终端设备（如计算机、电话机等）连接到楼层的交换设备。图3-1所示为一幢楼宇水平布线完成后的效果图。

图3-1　楼层水平布线效果图

　　实际的工作场景有：

➢ 办公室布线
➢ 住宅家居布线
➢ 计算机房、网吧布线
➢ 商场、车间布线
➢ 其他生活、工作场所的布线

　　在每个布线工程中，施工团队（项目小组）要根据客户的需求进行计划，参照国家标准和行业规范设计、施工，使得整个布线既便于用户使用、管理，又规范、美观，满足工艺和技术的要求。

项目目标

　　通过本项目的学习和操作，掌握完成楼层水平布线所需要的专业知识和操作技能，了解在工作场景下的水平布线工作流程，并体会到小组成员间分工协作给项目施工带来的重要影响和意义。

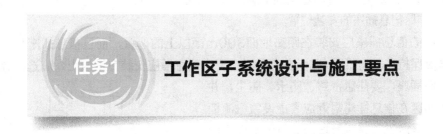

任务1　　**工作区子系统设计与施工要点**

任务描述

　　工作区子系统的施工常见的有集中型和分散型两类。集中型最有代表性的是机房布线施工；分散型的布线在建筑群和建筑物的不同地点，用于企事业单位经营、管理、办公局域网布线。

任务目标

　　掌握工作区子系统的定义和范围；掌握工作区子系统的施工技术要点。

任务实施

一、确定工作区子系统的范围

　　在综合布线系统中，一个独立的需要安装终端设备的区域称为一个工作区。综合布线工作区是由终端设备、与水平子系统相连的信息插座以及连接终端设备的跳线构成。对于常见的数据、语音系统而言，工作区就是由计算机（电话）、RJ-45接口（RJ-11接口）以及跳线等构成，如图3-2所示。

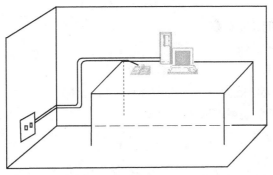

图3-2　工作区系统

二、工作区子系统的施工要点

　　工作区是综合布线系统不可缺少的一部分，根据综合布线标准以及规范，对工作区子系统的施工要注意以下要点。

　　1）工作区内线槽要布放得合理、美观。

　　2）工作区的布线规模。

　　对工作区规模面积的划分应根据应用的场合做具体的分析，进而确定每个工作区内应安装信息点的数量。根据相关设计规范的要求，一般来说，每个工作区可以按每5～10m²设置一部电话机或一台计算机终端，或既有电话机又有计算机终端来确定信息点数量，主要是根据用户提出的要求并结合系统的设计等级来确定信息插座安装的种类和数量，并且考虑一定富余量。

3）工作区信息插座的安装位置。

工作区的信息插座应安装在距离地面300mm以上的位置，而且信息插座与计算机设备的距离应保持在5m范围以内。在有些场合要求信息插座安装在地板上，应选择翻盖式或跳起式地面插座，要注意密封、防水、防尘，并且每个工作区在信息插座附近应考虑设置电源插座。图3-3给出了同墙面信息插座与电源插座的布设要求。

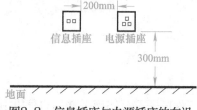

图3-3　信息插座与电源插座的布设

4）工作信息插座必须具有开放性，兼容多种系统。尽可能满足计算机、电话机、传真机、电视机等终端的使用。

三、工作区子系统的施工

工作区子系统的设计相对比较简单，在经过和用户沟通，了解系统用途和建筑物结构特点的情况下，主要就是确定信息点数、信息插座数以及信息插座的类型和安装位置。

1. 信息点的数量

在实际网络布线工程中，一般按照楼层布线面积或区域配置来确定信息点的数量，每个工作区的信息点数可以根据用户的实际应用来确定。

2. 信息插座的数量

若使用单孔信息插座，则插座数量与信息点数相当；若使用双孔信息插座，则插座数量为信息点数的一半。

信息模块的需求量一般为：　　　$A=B\times(1+3\%)$

式中　A——信息模块的总需求数

B——信息点数的总数

3%——预留的富余量

RJ-45接头的需求量一般为：　　　$a=b\times4\times(1+15\%)$

式中　a——RJ-45接头的总需求量

b——信息点的总数

15%——预留的富余量

3. 信息插座的安装方式和类型

工作区的信息插座分为暗埋和明装，暗埋的插座底盒嵌入墙面，明装的插座底盒直接在墙面上安装。一般情况下，新的建筑采用暗埋方式安装信息插座，旧建筑增设综合布线采用明装方式安装信息插座。

工作区的类型有多种多样，常见有以下几种：大开间的办公场所、计算机机房、各种会议室、其他各种办公区域。信息点插座一般设计在工作台侧面的墙面，如果在大开间或房间中间没有靠墙，则信息插座一般设计在地面或立柱隔板上。常用的有墙面型插座、桌面型插座和地面型插座，如图3-4所示。

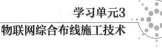

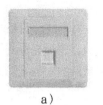  

a）　　　　　b）　　　　　c）

图3-4　信息插座

a）墙面型　b）桌面型　c）地面型

四、练一练

图3-5是学校某一大开间办公环境，图中A、B、C三个区域均为办公区，需要进行网络布线，按照相关的综合布线规范标出信息插座安装的位置。

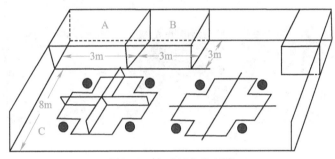

图3-5　大开间办公环境

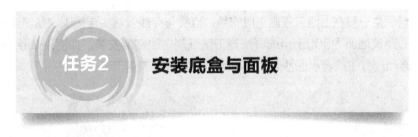

任务2　安装底盒与面板

任务描述

底盒与面板（信息插座）是连接综合布线工作区子系统与配线（水平）子系统最主要的连接件。是企业局域网最终的接入点，对用户来说是至关重要的。如果底盒与面板施工或产品质量存在问题，就会直接影响到用户计算机的上网。它是组建局域网的关键成分之一，是实现综合布线系统工程不能忽略的重要部分。

任务目标

了解底盒与面板的种类及基本结构参数；掌握底盒与面板的安装技术要点。

任务实施

一、认识底盒

网络信息点插座底盒按照材料分为金属底盒和塑料底盒；按照安装方式一般分为暗装底盒

和明装底盒；按照配套面板规格分为86系列和120系列。

一般墙面安装86系列的面板时，配套的底盒有明装和暗装两种。明装底盒经常在改扩建工程墙面明装方式布线时使用，一般为白色塑料盒，外形美观，表面光滑，外形尺寸比面板稍小，长84mm，宽84mm，深36mm，底板上有2个直径6mm的安装孔，用于将底座固定在前面，正面有2个M4螺孔，用于固定面板，侧面预留有上下进线孔，如图3-6a所示。

暗装底盒一般在新建项目和装饰工程中使用，暗装底盒常见的有金属和塑料两种。塑料底盒一次注塑成型，表面比较粗糙，外型尺寸比面板小一些，常见尺寸长80mm，宽80mm，深80mm，5面都预留进出线孔，底板上有2个安装孔，用于将底座固定在墙面，正面有2个M4螺孔，用于固定面板，如图3-6b所示。

金属底盒一般一次冲压成形，表面进行电镀处理，避免生锈，尺寸与塑料底盒基本相同，如图3-6c所示。

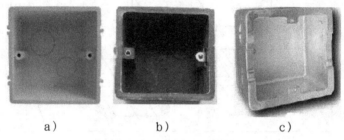

a）　　　　　　　　　b）　　　　　　　　　c）

图3-6　信息点插座底盒图

暗装底盒只能安装在墙面或者装饰隔断内，安装面板后就隐蔽起来了。施工中不允许把暗装底盒明装在墙面上。

暗装塑料底盒一般在土建工程施工时安装，直接与穿线管端头连接固定在建筑物墙内或者立柱内，中心距离地面为300mm或者按施工图纸规定的高度安装，如图3-7a所示。底盒安装好以后，必须用钉子或者水泥沙浆固定在墙内，如图3-7b所示。

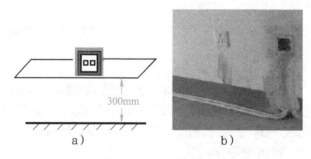

a）　　　　　　　　　b）

图3-7　墙面暗装底盒

需要在地面安装网络插座时，盖板必须具有防水、抗压和防尘功能，一般选用120系列金属面板。配套的底盒宜选用金属底盒，一般金属底盒比较大，常见规格为长100mm，宽100mm，中间有2个固定面板的螺钉孔，5面都预留进出线孔，如图3-8所示。

在扩建改建和装修工程安装网络面板时，为了美观一般宜采用暗装底盒，必要时要在墙面或地面进行开槽安装，如图3-9所示。

图3-8　地面暗装底盒、信息插座

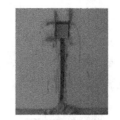

图3-9　装修墙面暗装底盒

二、安装底盒的步骤

（1）目视检查产品的外观是否合格

特别要检查底盒上的螺钉孔是否正常，如果其中有一个螺钉孔损坏则坚决不能使用。

（2）去掉底盒挡板

根据进出线方向和位置，去掉底盒预设孔中的挡板。

（3）固定底盒

明装底盒按照设计要求用膨胀螺钉直接固定在墙面，如图3-10所示。暗装底盒首先使用专门的管接头把线管和底盒连接起来，这种专用接头的管口有圆弧，既方便穿线，又能保护缆线不会被划伤或者损坏，然后利用膨胀螺钉或者水泥沙浆固定底盒。

（4）成品保护

暗装底盒一般在土建过程中进行，因此在底盒安装完毕后，必须进行成品保护，特别是安装螺钉孔，防止水泥沙浆灌入螺钉孔或者穿线管内。一般做法是在底盒螺钉孔和管口塞纸团，也有用胶带纸保护螺钉孔的做法。

图3-10　装修墙面明装底盒

三、练一练

图3-11是计算机AutoCAD工作室信息点分布设计图，一共有7个信息点，按照图样完成各个信息点的信息插座底盒的安装（明装）。

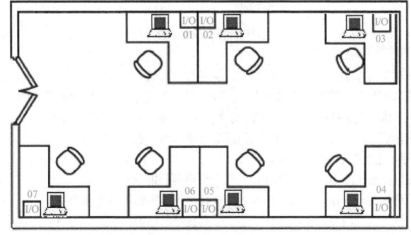

图示说明：I/O代表信息插座，系统要求墙面明装。

图3-11　计算机AutoCAD工作室

任务描述

综合布线中的模块用来端接缆线及与跳线有效连接。RJ-45模块是综合布线系统中插接器的一种,插接器由插头和插座组成,这两种元件组成的插接器连接于导线之间,以实现导线的电气连续性。掌握RJ-45信息模块的端接是综合布线施工技术的基本技能之一。

任务目标

掌握信息模块的种类和主要性能参数;掌握信息模块的端接技术。

任务实施

综合布线系统所用的信息插座多种多样,其核心是信息模块,如图3-12所示。双绞线在与信息插座的信息模块连接时,必须按色标和线序进行卡接。信息模块有两种,即EIA/TIA 586A和EIA/TIA　586B。两类标准规定的线序压接顺序有所不同,通常在信息模块的侧面会有两种标准的色标标准,可以按照所选的标准进行接线,但要注意,一般常用EIA/TIA 586B标准,在同一工程中只能有一种连接方式。

图3-12　信息模块

一、信息模块端接要求

双绞线与信息模块端接的施工操作方法应符合标准规范。

双绞线与信息模块端接采用卡接方式,施工中不宜用力过猛,以免造成模块受损。连接顺序应按缆线的统一色标排列,连接后的多余线头必须清除干净,以免留下后患。

缆线端接后,应进行全程检测,以保证综合布线系统的正常运行。

屏蔽双绞线的线对屏蔽层和电缆护套屏蔽层在和模块的屏蔽罩进行连接时,应保证360°的接触,而且接触长度不应小于10mm,以保证屏蔽层的导通性能。

在终端连接时,应按缆线统一色标、线对组合和排序顺序施工连接。

各种缆线(包括跳线)和接插件间必须接触良好、连接正确、标志清楚。跳线选用的类型和品种均应符合系统设计要求。

双绞线线对卡接在配线模块的端子时,应符合色标的要求,并尽量保护线对的对绞状态。

双绞线与信息模块的端接可以采用EIA/TIA 568A和568B两种，但是在同一个综合布线工程中，两者不应混用。

二、信息插座的安装

网络数据模块和电话语音模块的安装方法基本相同，一般安装顺序如下：准备材料和工具→清理和标记→剪掉多余的线头→模块端接→做好防尘工作。

（1）准备材料和工具

在每天开工以前进行，必须一次领取半天需要的全部材料和工具，主要包括网络数据模块、电话语音模块、标记材料、剪线工具、压线工具、工作小凳等将半天施工需要的全部材料和工具装入一个工具箱（包）内，随时携带，不要在施工现场随地乱放。

（2）清理和标记

清理和标记非常重要，在实际工程施工中，一般底盒安装和穿线较长时间后，才能开始安装模块，因此安装之前首先清理底盒内堆积的水泥沙浆或者垃圾，然后将双绞线从底盒内径轻轻地取出，清理表面的灰尘重新做编号标记，标记位置距离管口约60～80mm，注意做好新标记后才能取消原来的标记。

（3）剪掉多余的线头

剪掉多余线头是必须的，因为在穿线施工中双绞线的端头进行了捆扎或者缠绕，管口预留也比较长，双绞线的内部结构可能已经破坏，一般在安装模块前都要剪掉多余部分的长度，留出100～120mm长度用于压接模块或者检修。

（4）模块端接

剥开外绝缘保护套，如图3-13a所示。拆开4对双绞线，按照线序放入端接口，如图3-13b所示。压接和剪线，如图3-13c所示。盖好防尘帽。

 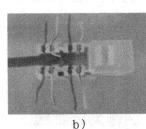 

a) b) c)

图3-13　数据模块端接

a）剥开绝缘保护套　b）拆开放入端接口　c）压接和剪线

（5）做好防尘工作

模块压接完成后，将模块卡接在面板上，然后立即安装面板。如果压接模块不能及时安装面板，必须对模块进行保护，一般做法是在模块上套一个塑料袋。

（6）安装面板

这是安装信息插座的最后一个工序，一般应该在端接模块后立即进行，保护模块。安装时将模块卡接到面板接口中。如果双口面板上有网络和电话插口标记，则按照标记口位置安装。如果双口面板上没有标记，则将网络模块安装在左边，电话模块安装在右边，并且在面板表面做好标记，如图3-14所示。

学习单元1　学习单元2　学习单元3　学习单元4　参考文献

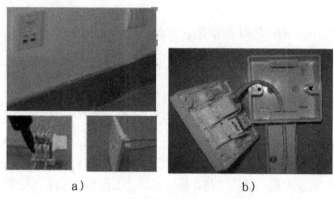

a)   b)

图3-14　安装完成做好标记的面板

a）暗装面板　b）明装线盒

三、练一练

图3-15是在企想模拟实训墙上模拟某办公室预留信息点分布设计图，一共有4个信息点，请按图完成各个信息点的信息模块的端接。

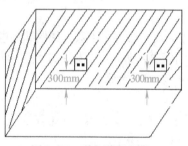

图3-15　数据模块端接

任务4　制作网络跳线

任务描述

跳线是指两端均有一个水晶头的网线。可用于设备之间的连接，在以双绞线作为传输介质的网络中，跳线的好坏直接影响着网络通信的质量。掌握跳线的制作，是综合布线施工技术中必备的技能之一。

任务目标

掌握网络跳线的种类；掌握直通跳线与交叉跳线的区别与不同的适用场合；掌握跳线的制

作步骤与制作技巧。

任务实施

一、网络跳线的组成

在综合布线系统中制作双绞线除了需要使用传输介质外，还需要与传输介质对应的连接器件RJ-45连接器，这些连接器件直接连接双绞线电缆和相应的设备。图3-16a所示为双绞线连接器件在综合布线系统中的应用。

RJ-45连接器是一种透明的塑料接插件，因为其看起来像水晶，所以又称作RJ-45水晶头。RJ-45连接器的外形与电话线的插头非常相似，不过电话线插头使用的是RJ-11连接器，与RJ-45连接器的线数不同。RJ-45连接器是8针的，如图3-16b所示。

在使用双绞线电缆布线时，通常要使用双绞线跳线来完成布线系统与相应设备的连接。所谓双绞线跳线，是指两端带有RJ-45连接器的一段双绞线电缆，如图3-16c所示。

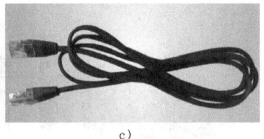

a)   b)   c)

图3-16　数据模块端接

未连接双绞线的RJ-45连接器的头部有8个平行的带V字形刀口的铜片并排放置，V字形的两个尖锐处是较锋利的刀口。制作双绞线跳线时，将双绞线的8根导线按照一定的顺序插入RJ-45连接器，导线会自动位于V字形刀口的上部。用压线钳将RJ-45连接器压紧，这时RJ-45连接器中的8片V字形刀口将刺破双绞线导线的绝缘层，分别与8根导线相连接。

ANSI EIA/TIA的综合布线标准中规定了两种双绞线的线序568A与568B。

标准568B：橙白—1，橙—2，绿白—3，蓝—4，蓝白—5，绿—6，棕白—7，棕—8。

标准568A：绿白—1，绿—2，橙白—3，蓝—4，蓝白—5，橙—6，棕白—7，棕—8。

在计算机网络中使用的双绞线跳线有以下两种。

（1）直通线

直通线用于将计算机连入交换机以及交换机和交换机之间不同类型端口的连接。在综合布线系统中可以用来连接工作区的信息插座与工作站以及管理间、设备间的配线架与交换机。根据EIA/TIA 568B标准，直通线两端RJ-45连接器的连接线序见表3-1。

表3-1　直通线的连接线序

端1	橙白	橙	绿白	蓝	蓝白	绿	棕白	棕
端2	橙白	橙	绿白	蓝	蓝白	绿	棕白	棕

（2）交叉线

交叉线用于计算机与计算机的直接相连、交换机和交换机之间相同类型端口的连接。也被用于将计算机直接接入路由器的以太口接口。根据EIA/TIA 568B标准，交叉线两端RJ-45连接器的连接线序见表3-2，可以理解为交叉线的一端按EIA/TIA 568B标准，另一端按EIA/TIA 568A标准，即两端的12、36线对互换。

表3-2　交叉线的连接线序

端1	橙白	橙	绿白	蓝	蓝白	绿	棕白	棕
端2	绿白	绿	橙白	蓝	蓝白	橙	棕白	棕

二、网络跳线的制作

参照综合布线标准EIA/TIA 568A或EIA/TIA 568B来制作网线，制作步骤如下：

步骤1（剥线）：使用双绞线剥线器（或压线钳）沿双绞线的外皮旋转一圈，除去2~3cm的外皮绝缘套，要注意不能把8根线芯（包括绝缘层）剥断，如图3-17和图3-18所示。

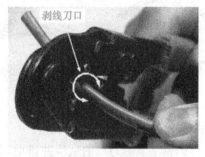 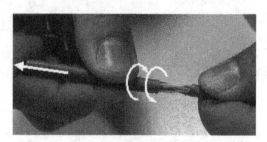

图3-17　剥开双绞线外绝缘护套　　　　图3-18　抽取双绞线外绝缘护套

步骤2（理线）：按照EIA/TIA 568B（或EIA/TIA 568A）标准和导线颜色将导线按规定的序号排好：橙白 橙 绿白 蓝 蓝白 绿 棕白 棕。平坦整齐地平行排列，导线间不留空隙，如图3-19和图3-20所示。

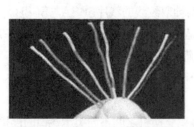 

图3-19　按照568B排好的线序　　　　图3-20　8根导线平坦整齐地平行排列

步骤3（剪线）：用压线钳的剪线刀口将8根导线剪断，大约预留14mm长度，如图3-21所示。

步骤4（插线）：把水晶头刀片朝自己，将白橙对准第一个刀片插入8芯（注意水晶头不要拿反，要插到底），电缆线的外保护层最后应能够在RJ-45插头内的凹陷处被压实，反复进行调整，如图3-22所示。

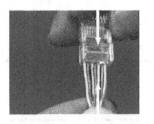

图3-21　用压线钳刀口剪齐线端　　　　图3-22　8根导线平坦整齐地平行排列

步骤5（压线）：在确认一切都正确后（特别注意不要将导线的顺序排列反了），将RJ-45插头放入压线钳的压头槽内，准备最后的压实，如图3-23所示。双手紧握压线钳的手柄，用柔力压紧，如图3-24所示。压好的水晶头如图3-25所示。

图3-23　用压线钳刀口剪齐线端　　　　　图3-24　用柔和的力量

请注意：

在这一步骤完成后，插头的8个针脚接触点就穿过导线的绝缘外层，分别和8根导线紧紧地压接在一起，如图3-25所示。

图3-25　压好的水晶头

三、练一练

1）图3-26是假想某办公室网线已经布好的环境。

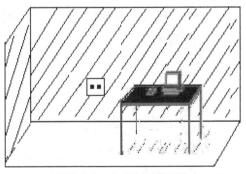

图3-26　办公室工作环境

学习单元1

学习单元2

学习单元3

学习单元4

参考文献

现有一台计算机要接入网络，需要一根网络跳线，若采用ANSI TIA/EIA 568B的线序，那么如何确定制作跳线的线序，请填入表3-3中。

表3-3 填写线序

端1								
端2								

2）某办公室需要两根网线，一根是符合ANSI TIA/EIA 568B规范直通线，一根是符合EIA/TIA交叉线，并且使用简易测试仪进行测试。

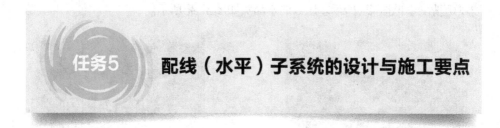

任务5　配线（水平）子系统的设计与施工要点

任务描述

配线（水平）布线子系统是指从工作区子系统的信息点出发，连接管理间子系统的通信中间交叉配线设备的缆线部分。由于智能大厦对通信系统的要求，需要把通信系统设计成易于维护、更换和移动的配置结构，以适用通信系统及设备在未来发展的需要。配线（水平）布线子系统分布于智能大厦的各个角落，绝大部分通信电缆包括在这个子系统中。相对于垂直干线子系统而言，水平布线子系统一般安装得十分隐蔽。在智能大厦交工后，该子系统很难接近，因此更换和维护水平缆线的费用很高、技术要求也很高。如果经常对水平缆线进行维护和更换，那么就会打扰大厦内用户的正常工作，严重者就要中断用户的通信系统。由此可见，配线（水平）布线子系统的管路敷设、缆线选择将成为综合布线系统中重要的组成部分。因此学生应初步掌握综合布线系统的基本知识，从施工图中领悟设计者的意图，并从实用角度出发为用户着想，减少或消除日后用户对水平布线子系统的更改，这是十分重要的。

任务目标

了解配线（水平）子系统的定义与范围；掌握配线（水平）子系统的设计要求和施工技术要点；学会计算线管（槽）的布放线数量。

任务实施

一、配线（水平）子系统范围

配线（水平）子系统将垂直子系统延伸到用户工作区，实现信息插座和管理间子系统的连接，包括工作区与楼层配线架之间的所有电缆、连接硬件（信息插座、插头、端接水平传输介质的配线架、跳线架等）、跳线缆线及附件，如图3-27所示。

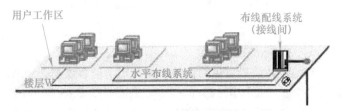

图3-27　配线（水平）子系统结构示意图

二、配线（水平）子系统设计

1. 配线（水平）子系统设计要求

配线（水平）子系统是综合布线系统工程中最大的一个子系统，使用的材料最多，施工工期最长，投资最大，也直接决定每个信息点的稳定性和传输速度。主要涉及布线距离、布线路径、布线方式和材料的选择。配线（水平）子系统的施工会直接影响网络综合布线系统工程的质量、工期，甚至影响最终工程造价。一般来说，配线（水平）子系统应根据下列要求（原则）进行设计：

（1）性价比最高原则

水平子系统范围广、布线长、材料用量大，对工程总造价和质量有比较大的影响。

（2）预埋管原则

认真分析布线路由和距离，确定缆线的走向和位置。新建建筑物优先考虑在建筑物梁和立柱中预埋穿线管，旧楼改造或者装修时考虑在墙面刻槽埋管或者墙面明装线槽。

（3）水平缆线最短原则

为了保证水平缆线最短原则，一般把楼层管理间设置在信息点居中的房间，保证水平缆线最短。对于楼道长度超过100m的楼层或者信息点比较密集时，可以在同一层设置多个管理间，这样既能节约成本，又能降低施工难度。

（4）水平缆线最长原则

按照《综合布线系统工程设计规范》（GB 50311—2007）国家标准规定，铜缆双绞线电缆的信道长度不超过100m，水平缆线长度一般不超过90m。因此在前期设计时，水平缆线最长不宜超过90m。

（5）避让强电原则

一般尽量避免水平缆线与36V以上强电供电线路平行走线。在工程设计和施工中，一般原则为网络布线避让强电布线。

（6）地面无障碍原则

在设计和施工中，必须坚持地面无障碍原则。一般考虑在吊顶上布线，楼板和墙面预埋布线等。对于管理间和设备间等需要大量地面布线的场合，可以增加抗静电地板，在地板下布线。

2. 配线（水平）子系统布线方案

水平布线子系统的管路在预埋前，应认真作好图样会审工作，并向工人做好技术交底，尽量避免与其他专业管路交叉重叠，发生矛盾。可利用AutoCAD绘出三维大样图，在大样图上注明其他专业管路的走向、标高以及各种管路的规格型号，制订出最优敷设管路的施工方案，满足管线路由最短，便于安装的要求。所以，设计水平子系统必须折中考虑，优选最佳的水平布线方案。一般可采用三种类型，即直接埋管式；先走吊顶内线槽，再走支管到信息出口的槽管复合式；适合大开间及后打隔断的地面线槽式。其余都是这三种方式的改良型和综合型。

三、配线（水平）子系统施工要点

1. 配线（水平）子系统拓扑结构

星形结构是水平布线子系统最常见的拓扑结构，每个信息点都必须通过一根独立的缆线与管理子系统的配线架连接，每个楼层都有一个通信配线间为此楼层的各个工作区服务，如图3-28所示。为了使每种设备都连接到星形结构的布线系统上，在信息点上可以使用外接适配器，这样有助于提高水平布线子系统的灵活性。

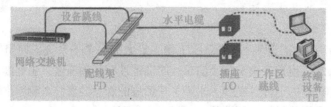

图3-28 水平子系统拓扑结构

2. 配线（水平）子系统的距离限制

水平布线子系统要求在90m的距离范围内，这个距离范围是指从楼层接线间的配线架到工作区的信息点的实际长度。与水平布线子系统有关的其他缆线，包括配线架上的跳线和工作区的连线总共不应超过100m。一般要求跳线长度小于5m，信息连线长度小于3m，如图3-29所示。

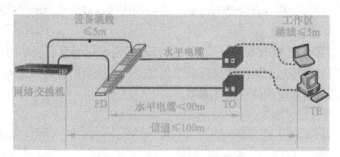

图3-29 水平电缆和信道长度

3. 配线（水平）子系统CP集合点的设置

如果在水平布线系统施工中，需要增加CP集合点时，那么同一个水平电缆上只允许一个CP集合点，而且CP集合点与FD配线架之间水平缆线的长度应大于15m。

4. 配线（水平）子系统缆线布放根数

在水平布线系统中，缆线必须安装在线槽或者线管内；在建筑物墙或者地面内暗埋布线时，一般选择线管，不允许使用线槽；在建筑物墙面明装布线时，一般选择线槽，很少使用线管；在楼道或者吊顶上长距离集中布线时，一般选择桥架；选择线槽时，建议宽高之比为2∶1，这样布出的线槽较为美观、大方；选择线管时，建议使用满足布线根数需要的最小直径线管，这样能够降低布线成本。

缆线布放在管与线槽内的管径与截面利用率，应根据不同类型的缆线做不同的选择。管内穿放大对数电缆或4芯以上光缆时，直线管路的管径利用率应为50%～60%，弯路管的管径利用率应为40%～50%。管内穿放4对双绞线电缆或4芯光缆时，截面利用率应为25%～35%。

布放缆线在线槽内的截面利用率应为35%～50%。

常规通用线槽（管）内布放缆线的最大条数也可以按照以下公式进行计算和选择。

（1）缆线面积计算

网络双绞线按照线芯数量分，有4对、25对、50对等多种规格，按照用途分有屏蔽和非屏蔽等多种规格。但是综合布线系统工程中最常见和应用最多的是4对双绞线，下面按照外径6mm计算双绞线的截面积。

$$S=d^2×3.14/4=6^2mm^2×3.14/4=28.26mm^2$$

式中　S——双绞线截面积。

　　　d——双绞线直径。

（2）线管截面积计算

线管规格一般用线管的外径表示，线管内布线容积截面积应该按照线管的内直径计算，以管径25mmPVC管为例，管壁厚1mm，管内部直径为23mm，其截面积计算公式如下

$$S=d^2×3.14/4=23^2mm^2×3.14/4=415.265mm^2$$

式中　S——线管截面积。

　　　d——线管的内直径。

（3）线槽截面积计算

线槽规格一般用线槽的外部长度和宽度表示，线槽内布线容积截面积计算按照线槽的内部长和宽计算，以40×20线槽为例，线槽壁厚1mm，线槽内部长38mm，宽18mm，其截面积计算公式如下

$$S=LW=38×18mm^2=684mm^2$$

式中　S——线管截面积。

　　　L——线槽内部长度。

　　　W——线槽内部宽度。

（4）容纳双绞线最多数量计算

布线标准规定，一般线槽（管）内允许穿线的最大面积为70%，同时考虑缆线之间的间隙和拐弯等因素，考虑浪费空间40%～50%。因此容纳双绞线根数计算公式如下

$$N=槽（管）截面积×70%×（40%～50%）/缆线截面积$$

式中　N——表示容纳双绞线最多数量。

70%——布线标准规定允许的空间。

40%～50%——缆线之间浪费的空间。

5．配线（水平）子系统布线弯曲半径要求

布线中如果不能满足最低弯曲半径要求，则双绞线电缆的缠绕节距会发生变化，严重时，电缆可能会损坏，直接影响电缆的传输性能。

缆线的弯曲半径应符合下列规定：

1）非屏蔽4对对绞电缆的弯曲半径应至少为电缆外径的4倍；

2）屏蔽4对对绞电缆的弯曲半径应至少为电缆外径的8倍；

3）主干对绞电缆的弯曲半径应至少为电缆外径的10倍；

4）2芯或4芯水平光缆的弯曲半径应大于25mm；

5）光缆容许的最小曲率半径在施工时应当不小于光缆外径的20倍，施工完毕应当不小于光缆外径的15倍。

布线施工中穿线和拉线时缆线拐弯曲率半径往往是最小的。一个不符合曲率半径的拐弯经常会破坏整段缆线的内部物理结构，甚至严重影响永久链路的传输性能。在竣工测试中，永久链路会有多项测试指标不合格，而且这种影响经常是永久性的，无法恢复的。

6. 配线（水平）子系统网络电缆与强电系统的距离

在水平子系统中，经常出现综合布线电缆与电力电缆平行布线的情况，为了减少电力电缆电磁场对网络系统的影响，综合布线电缆与电力电缆接近布线时，要根据《综合布线系统工程设计规范》（GB 50311—2007）国家标准规定保持一定的距离。

综合布线电缆与附近可能产生高电平电磁干扰的电动机、电力变压器、射频应用设备等电器设备之间应保持必要的间距，为了减少电器设备电磁场对网络系统的影响，综合布线电缆与这些设备布线时，必须按照《综合布线系统工程设计规范》（GB 50311—2007）国家标准规定与配电箱、变电室、电梯机房、空调机房之间保持一定的距离。

7. 配线（水平）子系统对接地的要求

综合布线系统采用屏蔽措施时，应保证有良好的接地系统，可单独设置接地体，接地电阻≤4Ω；采用联合接地体时，接地电阻≤1Ω。综合布线系统所用屏蔽层必须保持连续性，并保证缆线的相对位置不变，屏蔽层的配线设备端应接地。各层配线架应单独布线到接地体，信息插座的接地利用电缆屏蔽层与各楼层配线架相连接，工作站弱电设备的金属外壳与专用接地体单独连接。采用钢管或金属桥架敷设缆线时，钢管之间、桥架之间、钢管与桥架之间应做可靠连接，并做跨接地线。综合布线系统有关的有源设备的正极或金属外壳，干线电缆屏蔽层均应接地。若同层内有均压环（高于30m及其以上，每层都应设置）时，应与之连接，使整个建筑物的接地系统组成一个笼式均压网。良好的接地可以防止突变的电压冲击对弱电设备的破坏，减少电磁干扰对通信传输速率的影响。

四、练一练

1）请计算采用40×25规格的线槽进行UTP cat 5e双绞线布线，最多能容纳多少根？

2）请计算采用φ50规格的线管进行UTP cat 5e双绞线布线，最多能容纳多少根？

任务6　PVC线管（槽）的敷设

任务描述

物联网工程布线系统中缆线必须安装在线槽或线管内，所以除了缆线外，槽、管也是综合布线系统中一个重要的组成部分。在综合布线系统中最常用的是PVC线管和PVC线槽。在完成配线（水平）子系统工程布线施工过程中，要学会计算缆线的用量，掌握如何选择合适的线

管或线槽进行施工。

任务目标

了解常用的PVC线管（槽）主要连接附件的类型与适用场景；掌握PVC线管（槽）的成型技术；掌握缆线的布放数量计算和布放技术要点。

任务实施

一、认识PVC线管（槽）附件

1. PVC线管附件

与PVC管安装配套的附件有接头、弯头、一通接线盒、二通接线盒、三通接线盒、四通接线盒、开口管卡、PVC粗合剂等，见表3-4。

表3-4　PVC线管常见附件

名　称	图　例	名　称	图　例	名　称	图　例
接头		开口管卡		弯头	
一通接线盒		二通接线盒		三通接线盒	
四通接线盒					

2. PVC线槽附件

与PVC线槽配套的附件有阳角、阴角、直转角、顶三通、左三通、右三通、连接头、终结头等，见表3-5。

表3-5　PVC线槽常见附件

名　称	图　例	名　称	图　例	名　称	图　例
阳角		平三通		连接头	
阴角		直转角		终结头	
顶三通		左三通		右三通	

学习单元1　学习单元2　学习单元3　学习单元4　参考文献

3. PVC线管槽的切割和弯曲

PVC管槽的切割可以使用专用截管器，也可以使用锯弓。通常管径比较大时，都用锯弓切割管线，但锯过后会有一些毛刺，需要将毛刺除去。使用截管器切割时将PVC线管放入刀口中，一直按压手柄，同时转动线管，可以将线管切断，这种方式切割的切面可能会不平整，需要修复。线槽的切割一般使用锯弓锯，对质量差的也可以使用剪刀剪。

直径在25mm以下PVC线管工业品弯头，一般不能满足铜缆布线曲率半径的要求，因此，一般使用专用的弹簧弯管器使PVC管成型。操作流程如图3-30所示，成型后如图3-31所示。

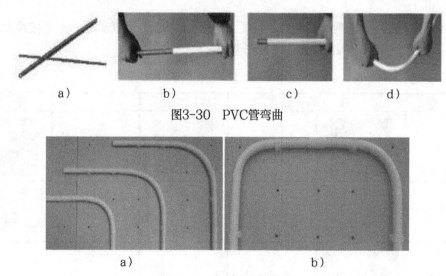

a)　　　　　b)　　　　　c)　　　　　d)

图3-30　PVC管弯曲

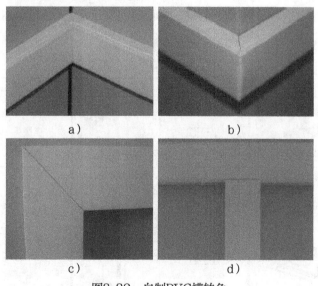

a)　　　　　　　　　b)

图3-31　自制弯角的线管

在工程实际中，若由于没有现成的PVC线槽弯头，则可以根据现场情况自制线槽弯头，一般常见的线槽自制弯头成型如图3-32所示。

a)　　　　　　　　　b)

c)　　　　　　　　　d)

图3-32　自制PVC槽转角

二、楼层缆线需求量估算

楼层缆线需求量的估算要考虑由于线路拐弯、中间预留、缆线缠绕、人工误操作等诸多因素，必须留有一定的富余量。楼层用线量的计算公式如下：

$$C=[0.55(F+N)+6]M$$

式中　C——楼层用线量；

　　　F——最远的信息插座离楼层配线间的距离；

　　　N——最近的信息插座离楼层配线间的距离；

　　　M——楼层的信息插座的数量；

　　　6——端对容差（施工时缆线的损耗、缆线布设长度误差等因素）。

例如，已知某一楼宇共有6层，每层信息点数为20个，每个楼层的最远信息插座离楼层管理间的距离均为60m，每个楼层的最近信息插座离楼层管理间的距离均为10m，请估算出整座楼宇的用线量。

解答：根据题目要求知道：楼层数M=20；

　　　　　最远点信息插座距管理间的距离F=60m；

　　　　　最近点信息插座距管理间的距离N=10m。

因此，每层楼用线量C=[0.55×（60+10）+6]×20m=890m

整座楼共6层，因此整座楼的用线量S=890×6m=5 340m

三、PVC线管（槽）敷设

1. PVC线管的敷设

1）根据具体情况的要求，按照公式估算出缆线的截面积，选择合适规格的线管，确定走线的方式，是明装还是暗埋。

2）预埋暗敷管路应采用直线管道为好，尽量不采用弯曲管道，直线管道超过30m再需延长距离时，应置暗线箱等装置，以利于牵引敷设电缆时使用。如必须采用弯曲管道时，要求每隔15m处设置暗线箱等装置。

3）暗敷管路如必须转弯时，其转弯角度应大于90°。暗敷管路曲率半径不应小于该管路外径的6倍。要求每根暗敷管路在整个路由上需要转弯的次数不得多于两个，暗敷管路的弯曲处不应有褶皱、凹穴和裂缝。

4）明敷管路应排列整齐，横平竖直，且要求管路每个固定点（或支撑点）的间隔均匀，暗管则需要在墙上凿槽。

5）要求在管路中放有牵引线或拉绳，以便牵引缆线。

6）在管路的两端应设有标志，其内容包含序号、长度等，应与所布设的缆线对应，以使布线施工中不容易发生错误。

2. PVC线槽的敷设

（1）桥架和槽道的安装要求

1）桥架及槽道的安装位置应符合施工图规定，左右偏差不应超过50mm；

2）桥架及槽道水平度每平方米偏差不应超过2mm；

3）垂直桥架及槽道应与地面保持垂直，并无倾斜现象，垂直度偏差不应超过3mm；

学习单元1　学习单元2　学习单元3　学习单元4　参考文献

4）两槽道拼接处水平偏差不应超过2mm；

5）线槽转弯半径不应小于其槽内的缆线最小允许弯曲半径的最大值；

6）吊顶安装应保持垂直，整齐牢固，无歪斜现象；

7）金属桥架及槽道节与节间应接触良好，安装牢固。

（2）桥架和线槽的敷设

桥架和线槽布放不能采用暗线方式，所以桥架、线槽的敷设方式有很多种，包括：钉在墙面上的；固定在墙壁上的；水平桥架吊顶安装；布放在地板下的，如图3-33所示。所以，线槽的布放是根据网络布线现场情况来决定的。

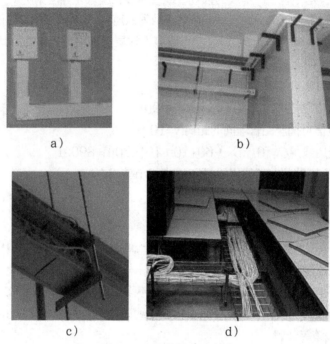

a） b）

c） d）

图3-33　线槽的布放方式

a）钉在墙面上的线槽　b）用支架安装在墙壁上的线槽　c）水平桥架吊顶安装　d）布放在地板下的缆线

（3）PVC线槽的安装

1）根据项目要求，估算出截面积后，选择合适的线槽。

2）设计合适的布线路径，在墙面上安装线槽，安装过程中注意螺钉要对准线槽的正中部，每隔1m固定一个螺钉。使用水平尺检测安装的线槽是否达到"横平竖直"的标准。如有偏差，适当调整高度，使之符合标准。

（4）线槽支撑保护

1）水平敷设时，支撑间距一般为1.5～2m，垂直敷设时固定在建筑物上的间距宜小于2m。敷设金属线槽时，线槽接头处间距1.5～2m，离开线槽两端口0.5m处、转弯处等要设置支架或吊架。

2）采用托架时，一般在1m左右安装一个托架。固定槽时一般在1m左右安装固定点。根据槽的大小建议：对于25mm×20mm～25mm×30mm规格的槽，一个固定点应有2～3

个固定螺钉，并且水平排列；25mm×30mm以上规格的槽，一个固定点应有3～4个固定螺钉，呈梯形状，使槽受力点分散分布。

四、缆线的布放

1. 缆线布放的基本要求

1）缆线布放前应核对规格、程式、路由及位置是否与设计规定相符合。

2）布放的缆线应平直，不得产生扭绞、打圈等现象，不应受到外力挤压和损伤。

3）在布放前，缆线两端应贴有标签，标明起始和终端位置以及信息点的标号，标签书写应清晰、端正及正确。

4）信号电缆、电源线、双绞线、光缆及建筑物内其他弱电缆线应分离布放。

5）布放缆线应有冗余。在二级交接间、设备间双绞电缆预留长度一般为3～6m，工作区为0.3～0.6m。特殊要求的应按设计要求预留。

6）布放缆线，在牵引过程中吊挂缆线的支点相隔间距不应大于1.5m。

7）缆线布放过程中为避免受力和扭曲，应制作合格的牵引端头。如果采用机械牵引，则应根据缆线布放环境、牵引的长度、牵引张力等因素选用集中牵引或分散牵引等方式。

2. 缆线的牵引

在缆线敷设之前，建筑物内的各种暗敷的管路和槽道已安装完成，因此缆线要敷设在管路或槽道内就必须使用缆线牵引技术。为了方便缆线牵引，在安装各种管路或槽道时已内置了一根拉绳（一般为钢绳），使用拉绳可以方便地将缆线从管道的一端牵引到另一端。

根据施工过程中敷设的电缆类型，可以使用不同的牵引技术，以下介绍常用牵引技术中的一种。主要方法是使用电工胶布将多根电缆与拉绳绑紧，使用拉绳均匀用力缓慢牵引电缆。

3. 缆线的布放过程

1）将缆线箱（如果是多路线，将多箱线并排）放在管道的一端，再将缆线和拉线用胶带缠绕捆扎起来，抖动电缆使其成流线形。如果拉缆时要求拉力比较大，则要把电缆外护套除去，使用套内的电缆对。

2）在每根电缆上做好标记，同时也在对应的缆线箱上做好相应的标识。

3）在管道的另一端牵拉拉绳，将缆线一起穿过管道，并留出冗余缆线，在管理间的双绞线预留一般为3～6m，工作区铜缆为1.5m。缆线的余长部分不包括在所需的工作长度内，有特殊要求的应该按照设计要求处理。

4）在缆线箱端预留出冗余缆线后将缆线截断，并在该端将缆线箱上的标识复制到缆线的这一端。

缆线布放完成后，两端留出的冗余缆线要整理和保护好，盘线时要顺着原来的大旋转方向，线圈的半径不要太小，并且尽可能保证缆线不受破坏。

五、练一练

1）制作如图3-33和图3-34所示的自制线管（槽）弯头。

2）观察所在的教学楼，估算一个楼层布线的用线量（提示：假设所有楼层的格局一样，楼层内每个教室内的信息点数为2个，每个教师办公室内的信息点数为8个）。

知识补充

布线弯曲半径要求

布线中如果不能满足最低弯曲半径要求，双绞线电缆的缠绕节距会发生变化，严重时，电缆可能会损坏，直接影响电缆的传输性能。例如，在铜缆系统中，布线弯曲半径直接影响回波损耗值，严重时会超过标准规定值。因此在设计时应尽量避免和减少弯曲，增加电缆的拐弯曲率半径值。对于超5类缆线的弯曲半径要求如图3-34所示。缆线的弯曲半径应符合下列规定：

1）非屏蔽4对对绞电缆的弯曲半径应至少为电缆外径的4倍。

2）屏蔽4对对绞电缆的弯曲半径应至少为电缆外径的8倍。

3）主干对绞电缆的弯曲半径应至少为电缆外径的10倍。

4）4、2芯或4芯水平光缆的弯曲半径应大于25mm；其他芯数的水平光缆、主干光缆和室外光缆的弯曲半径应至少为光缆外径的10倍。

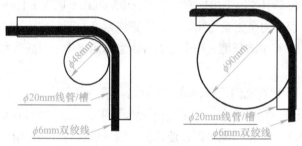

图3-34　PVC线管与线槽的曲率半径

任务7　楼层配线间的设计与施工

任务描述

楼层配线间主要完成主干线与水平布线区的转接。通过配线间的中转，可以方便地管理复杂的网络，提供灵活的配置能力和网络故障检测手段。楼层配线间主要是用来安装配线设备（网络配线架、110配线架及光纤配线架等）和网络设备（网络交换机等）的场所，这些设备都安装在标准的机柜上。楼层配线间也可以考虑在该场地设置缆线竖井等电位接地体、电源插座、UPS配电箱等设施。在条件允许的情况下也可以设置诸如安防、消防、建筑设备监控、无线信号覆盖等系统和功能模块。

任务目标

了解楼层配线间的定义；掌握楼层配线间的设计要点；掌握语音配线架、数据配线架的类型与端接技术；掌握机柜的类型及安装方式。

任务实施

一、楼层配线间设计

1．设计要点

楼层配线间一般要根据楼层的信息点规模、分布密度以及用户具体需求设计其位置、大小。配线间的位置通常设在管理区域的中心，也会考虑一些其他因素。首先按照各个工作区子系统需求确定每个楼层工作区信息点的总数量，根据每个信息点的缆线长度，列出最远和最近信息点的缆线长度，一般配线间设置在信息点的中间位置，同时要考虑特殊信息点的缆线长度、每个信息点缆线要短于90m；其次是考虑各个楼层的配线间尽可能安装在同一位置，功能不同的楼层可以安装在不同位置；第三是参考建筑物的土建结构、强电路径、弱电路径，特别是主要电器、暗埋管线和电源插座的安装位置等。

每个楼层一般至少设置一个管理间。如果在特殊情况下，每层信息点数量较少，且配线缆线长度不大于90m，则宜几个楼层共设一个配线间。在实际工程中，为了方便管理、节约成本，可以考虑将配线间机柜明装在楼道上。

2．标识管理

配线管理的主要手段就是标识，施工人员要标识线路经过的所有环节。这里的线路是指工作区中的连接信息插座的水平缆线的线头、信息面板的插孔；配线架上的线头、配线架上的模块、配线架前面的插孔及跳线的两端线头等。标识的方法就是以字母和数字的组合对唯一的线路进行标识，字母代表着该条线路的用途，数字代表着楼号、楼层号以及信息点号。例如：1根从101房间的第一个数据信息点拉至配线间的缆线两端应标上：101-D01标记，其中"D"代表数据口，从101房间的第一个电话信息点拉至配线间的缆线两端应标上：101-T01标记，其中"T"代表语音口。

在工程的施工过程中应不断地在实物上做标记以示记录。综合布线系统使用3种标记：电缆标记、区域标记和接插件标记。其中接插件标记最常用，可分为不干胶标记条或插入式标记条两种，供选择使用。

二、楼层配线间的施工

1．配线间常用器件

根据综合布线所有介质分为铜缆和光缆，用于配线间和设备间的缆线端接，目前一般的场所大多使用铜质缆线，光缆器件在后面介绍。

铜缆器件主要有配线架、机柜以及缆线相关管理附件。配线架主要有110系列配线架和RJ-45模块化网络配线架两类。

（1）110配线架

110型连接管理系统由AT&T公司于1988年首先推出，该系统后来成为工业标准的蓝本，主要用于语音配线系统。基本部件有配线架、连接块、跳线和标签。110型配线架是110型连接管理系统的核心部份，110型配线架是阻燃、注模塑料做的基本器件，布线系统中的电缆线对就端接在其上。110型配线架有25对、50对、100对、300对等多种规格，如图3-35所示。

带腿的110配线架

不带腿的110配线架

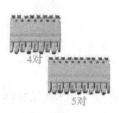

4对

5对

图3-35　110配线架以及4对、5对端接子

110型配线系统使用方便的插拔式快接式跳接可以简单进行回路的重新排列，这样就为非专业技术人员管理交叉连接系统提供了方便。

（2）RJ-45模块化网络配线架

RJ-45模块化网络配线架大多被用于水平布线，根据数据传输性能的要求分为5类、超5类、6类模块化网络配线架。前面板用于连接集线设备的RJ-45端口，后面板用于连接从信息插座延伸过来的双绞线。配线架一般宽482.6mm（19in），主要安装在标准网络机柜中。用于传输数据的网络配线架端口主要有24口和48口两种形式，如图3-36所示。

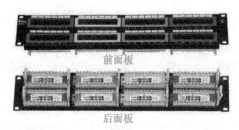

前面板

后面板

图3-36　RJ-45模块化网络配线架

（3）机柜

机柜是存放设备和缆线交接的地方。机柜以U为单位区分（1U=44.45mm）。标准的42U机柜尺寸为：宽度600mm，深度为600mm，高度为2 000mm。一般情况下：服务器机柜的深度≥800mm，而网络机柜的深度≤800mm。网络机柜可分为以下两种：

1）常用服务器机柜。

采用优质冷轧钢板，表面防静电喷漆工艺，耐酸碱、耐腐蚀，保证可靠接地、防雷击；前后左右挡板拆卸容易，走线方便；安装了散热风扇，以及滚轮和固定地脚栓，方便使用；适用于常见品牌的机架式服务器和各种标准U普通服务器和交换机等设备。

一般安装在网络机房或楼层配线间、设备间，如图3-37所示。

图3-37　网络机柜

2）壁挂式网络机柜。

主要用于摆放轻巧的网络设备，外观轻巧美观，全柜采用全焊接式设计，牢固可靠。机柜背面有挂墙安装孔。

图3-38　壁挂式机柜

小型挂墙式机柜体积小，节省空间。广泛用于计算机数据网络、布线、语音系统、银行、金融、证券、地铁、机场工程、工程系统，如图3-38所示。

2. 机柜安装

《综合布线系统工程设计规范》（GB 50311—2007）国家标准第6章安装工艺要求内容中，对机柜的安装有如下要求：

一般情况下，综合布线系统的配线设备和计算机网络设备采用42U标准机柜安装。机柜内可以安装光纤连接盘、RJ-45（24口）配线模块、多线对卡接模块（100对）、理线架、计算机HUB/SW设备等。如果按建筑物每层电话和数据信息点位200个考虑配置上述设备，大约需要有2个42U的标准机柜空间，以此测算电信间面积至少应为5m²（2.5m×2.0m）。对于涉及布线系统设置内、外网或专用网时，机柜应分别设置，并在保持一定间距的情况下预测电信间的面积。

对于配线间多数情况下采用6～12U壁挂式机柜，一般安装在每个楼层的竖井内或者楼道中间位置。具体安装方法采用三角支架或者膨胀螺钉固定机柜。

3. RJ-45网络配线架的端接

当数据信息点的链路到达配线间时要进行配线架端接，RJ-45网络配线架的端接操作步骤如下。

1）端接准备。在设计好的位置安装配线架、理线环等设备，注意保持设备平齐，螺钉固定牢固，并且做好设备编号和标记，如图3-39所示。

图3-39　机柜内安装好配线架、理线环等准备配线架端接

2）剥线。用双绞线剥线器将双绞线的外皮除去2～3cm，如图3-40所示。

图3-40　剥线

3）理线。将绿色线对与蓝色线对放在中间位置，而橙色线对与棕色线对放在靠外的位

置，形成左一橙、左二蓝、左三绿、左四棕的线对次序。小心地剥开每一线对，按T568B标准排序、拉平，如图3-41所示。

注意：使用剥线钳进行剥线时，应当注意在剥线时剥线钳咬住双绞线的力度要适宜，不可过于用力，避免割破内线，造成缆线绝缘效果差。产生串扰，影响网络通信。

4）压线。按照配线架上的色标线序，将整理好的双绞线按照次序压入配线架背面的接线柱上。网线应压在接线柱的中间，余线朝外，如图3-42所示。

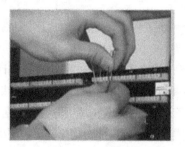

图3-41　理线　　　　　　　　　　图3-42　压线

5）检查线序。再次检查配线架的色标顺序：棕、棕白、绿、绿白、橙、橙白、蓝、蓝白。

6）打线。左手扶住配线架；右手手掌顶住打线工具的底部，垂直于配线架的打线柱上，用力均匀，一次打到底，刀口朝上，当听到"咔"的一声即已经将余线切断，如图3-43所示。

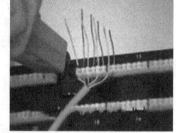

注意：打线时不宜用力过猛，以免造成接续模块受损。

7）扎线。将缆线理顺，并利用尼龙扎带将双绞线与理线器固定在一起。利用尖嘴钳整理扎带。配线架端接完成，如图3-44所示。

图3-43　打线

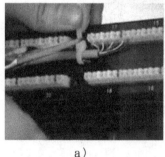
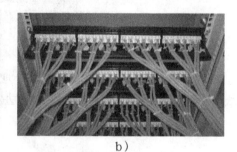

a）　　　　　　　　　　　　　b）

图3-44　扎线

4. 语音配线架的端接

一般语音系统使用大对数电缆，对于一些信息点比较少的场合也常用双绞线，这里使用超5类双绞线。当语音信息点的链路到达配线间时进行语音配线架的端接，110型语音配线架端接的操作步骤如图3-45所示。

1）将配线架固定到机柜合适位置。

a)

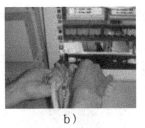
b)

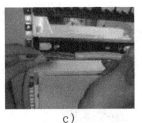
c)

图 3-45

a）把缆线固定在机柜上　b）用刀把电缆外皮剥去　c）把线的外皮去掉

2）从机柜进线处开始整理电缆，电缆沿机柜两侧（左进线右出线）整理至配线架处，并留出大约25cm的缆线，用电工刀或剪刀把电缆的外皮剥去，使用绑扎带固定好电缆，将电缆穿110型语音配线架左右二侧的进线孔，摆放至配线架打线处。

d)

e)

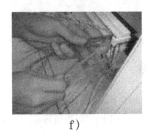
f)

图 3-45（续）1

d）用剪刀把缆线撕裂绳剪掉　e）把所有线对插入110型配线架进线口　f）按大对数分线原则进行分线

3）将缆线（每根双绞线）按白蓝、蓝、白橙、橙、白绿、绿、白棕、棕的线序进行排线。

4）根据电缆色谱排列顺序，将对应颜色的线对逐一压入槽内，然后使用打线工具固定线对连接，同时将伸出槽位外多余的导线截断。

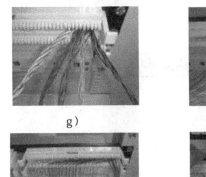
g)

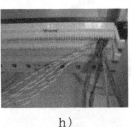
h)

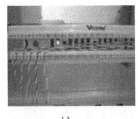
i)

j)

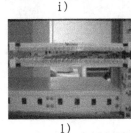
k)

l)

图 3-45（续）2

g）先按主色排列　h）把主色里的配色排列　i）排列后把线卡入相应位置　j）卡好后的效果图
k）用准备好的单用打线刀逐条压入并打断多余的线　l）完成后的效果图（刀要与配线架垂直，刀口向外）

5）再用五对打线刀，把110型语音配线架的连接端子压入槽内，并在配线架上下槽位间安装标签条。

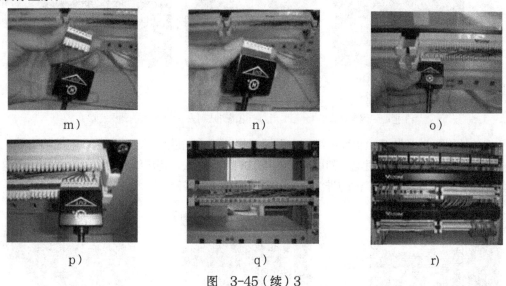

m)　　　　　　　　　　n)　　　　　　　　　　o)

p)　　　　　　　　　　q)　　　　　　　　　　r)

图　3-45（续）3

m）准备好五对打线刀　n）把端子放入打线刀里和110型配线架端子线夹里　o）把端子垂直打入配线架

p）110型配线架端子有5个是4对的，1个是5对的，共25对　q）完成的效果图四对和一个五对的共25对

r）完成后可以安装语音跳线

6）根据左（进）右（出）的对应情况端接配线架上槽位的连接线，做好标记。

三、练一练

根据图3-46，完成配线架端接。

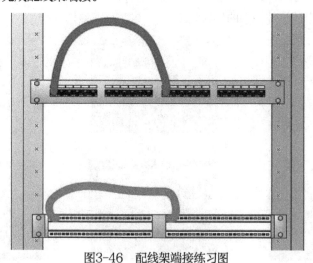

图3-46　配线架端接练习图

端接要求：

1）网络配线架端接：采用UTP cat 5e双绞线，一端端接在1口，另一端端接在13口。

2）110型语音配线架端接：采用25对大对数电缆，一端端接在配线架左上1～25线对，另一端端接在配线架右上51～75线对。

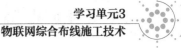

项目2　　楼层干线与设备间的布线施工

　　干线子系统是综合布线系统中非常关键的组成部分，它由设备间与楼层配线间之间的连接电缆或光缆组成，如图3-47所示。干线是建筑物内综合布线的主干缆线，是楼层配线间与设备间之间垂直布放（或空间较大的单层建筑物的水平布线）缆线的统称。干线缆线直接连接着几十或几百个用户，因此一旦干线电缆发生故障，则影响巨大。为此，必须十分重视干线子系统的设计工作。

　　干线子系统包括如下组成部分：

　　1）供各条干线接线间之间的电缆走线用的竖向或横向通道。

　　2）主设备间与管理间之间的电缆。

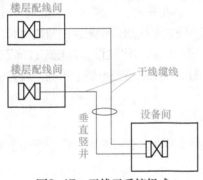

图3-47　干线子系统组成

项目目标

　　通过本项目的学习，了解楼层干线子系统和设备间子系统在综合布线系统中的地位与作用；掌握楼层干线子系统和设备间子系统的设计与施工技术要点。

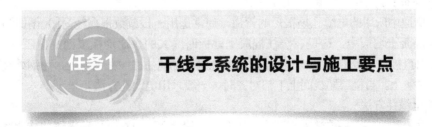

任务1　干线子系统的设计与施工要点

任务描述

　　干线子系统的设计主要是确定通道的规模、布线缆线的选择、路由的选择，并估算干线缆线的容量；干线子系统的施工技术主要是垂直竖井通道的施工及缆线的端接。

任务目标

了解干线子系统的定义；掌握干线子系统的设计与施工技术要点。

任务实施

一、干线子系统的设计

根据《综合布线系统工程设计规范》（GB 50311—2007）国家标准及规范，应按下列设计要点进行干线子系统的设计工作。

1. 确定干线子系统规模

干线子系统缆线是建筑物内的主馈电缆。一般，在大型建筑物内，都有开放型通道和弱电间。开放型通道通常是从建筑物的最低层到楼顶的一个开放空间，中间没有隔板，如通风或电梯通道。弱电间是一连串上下对齐的小房间，每层楼都有一间。在这些房间的地板上，预留圆孔或方孔，或靠墙安放桥架。在综合布线中，把方孔称为电缆井，把圆孔称为电缆孔。

干线子系统通道就是由一连串弱电间地板垂直对准的电缆孔或电缆井组成。弱电间的每层封闭型房间作楼层配线间。确定干线通道和配线间的数目时，主要从服务的可用楼层空间来考虑。如果在给定楼层所要服务的所有终端设备都在配线间75m范围之内，则采用单干线系统，凡不符合这一要求的，则要采用双通道干线子系统，或者采用经分支电缆与楼层配线间相连接的二级交接间。

2. 确定每层楼的干线

在确定每层楼的干线缆线类别和数量要求时，应当根据水平子系统所有的语音、数据、图像等信息插座需求进行推算。

3. 确定整座建筑物的干线

整座建筑物的干线子系统信道的数量，是根据每层楼布线密度来确定的。一般每10m²设一个电缆孔或电缆井较为适合。如果布线密度很高，则可适当增加干线子系统的信道。整座建筑物的干线缆线类别、数量与综合布线设计等级和水平子系统的缆线数量有关。在确定了各楼层干线的规模后，将所有楼层的干线分类相加，就可以确定整座建筑物的干线缆线类别和数量。

4. 确定楼层配线间至设备间的干线布线路由

一般建筑物垂直干线布线通道可采用电缆孔、电缆井或桥架三种方法。

（1）电缆孔方法

干线信道中所用的电缆孔是很短的管道，通常是用一根或数根直径为10cm的钢管做成。它们嵌在混凝土地板中，这是在浇注混凝土地板时嵌入的，比地板表面高出2.5~10cm即可。也可以直接在地板中预留一个大小适当的孔洞。电缆往往捆在钢绳上，而钢绳又固定到已铆好的金属条上。当楼层配线间上下都对齐时，一般采用电缆孔方法。

（2）电缆井方法

电缆井方法是指在每层楼板上开出一些方孔，使电缆可以穿过这些电缆井从这层楼到达相邻的楼层，与电缆孔方法一样，电缆也是捆在或箍在支撑用的钢绳上，钢绳靠墙上的金属条或地板三角架固定。离电缆很近的墙上立式金属架可以支撑很多电缆。电缆井的选择非常灵活，可以让粗细不同的各种电缆经任何组合方式通过。

（3）电缆桥架方法

电缆桥架法是指利用弱电竖井的电缆井孔先安放弱电桥架，然后将缆线固定在桥架上。对高层智能建筑而言，一般都设有专用弱电竖井间及垂直桥架。一般在安放时主要考虑归类放置即可，同时在布放完成后要适当固定缆线。电缆桥架法一般操作简便。

二、干线子系统的施工要点

1. 标准规定

垂直子系统布线路由的走向必须选择缆线最短、最安全和最经济的路由，同时考虑未来扩展需要，且应该预留一定的缆线做冗余信道。

2. 缆线选择

根据建筑物的结构特点以及应用系统的类型，决定选用干线缆线的类型。在干线子系统设计中常用以下五种缆线：

1）4对双绞线电缆（UTP或STP）。

2）100Ω大对数对绞电缆（UTF或STP）。

3）62.5μm/125μm多模光缆。

4）8.3μm/125μm单模光缆。

5）75Ω有线电视同轴电缆。

目前，针对电话语音传输一般采用3类大对数对绞电缆（25对、50对、100对等规格），针对数据和图像传输采用光缆或5类以上4对双绞线电缆以及5类大对数对绞电缆，针对有线电视信号的传输采用75Ω同轴电缆。要注意的是，由于大对数缆线对数多，很容易造成相互间的干扰，因此很难制造超5类以上的大对数对绞电缆，为此6类网络布线系统通常使用6类4对双绞线电缆或光缆作为主干缆线。在选择主干缆线时，还要考虑主干缆线的长度限制，如5类以上4对双绞线电缆在应用于100Mbit/s的高速网络系统时，电缆长度不宜超过90m，否则宜选用单模或多模光缆。

3. 干线缆线的端接

干线电缆可采用点对点端接，也可采用分支递减端接以及电缆直接连接。点对点端接是最简单、最直接的接合方法，如图3-48所示。干线子系统每根干线电缆直接延伸到指定的楼层配线间或二级交接间。分支递减端接是用一根足以支持若干个楼层配线间或若干个二级交接间的通信容量的大容量干线电缆，经过电缆接头保护箱分出若干根小电缆，再分别延伸到每个二级交接间或每个楼层配线间，最后端接到目的地的连接硬件上，如图3-49所示。

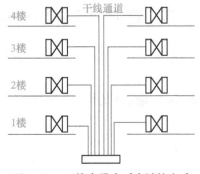

图3-48　干线电缆点对点端接方式

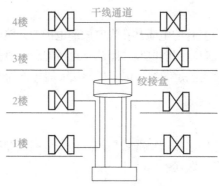

图3-49 干线电缆分支接合方式

4. 在干线子系统施工时，还要注意以下几点

1）网络线一定要与电源线分开敷设，但是，可以与电话线及有线电视电缆置于同一个线管中。布线时拐角处不能将网线折成直角，以免影响正常使用。

2）强电和弱电通常应当分置于不同的竖井内。如果不得已需要使用同一个竖井，那么必须分别置于不同的桥架中，并且彼此相隔30cm以上。

3）网络设备必须分级连接，即主干布线只用于连接楼层交换机与骨干交换机，而不用于直接连接用户端设备。

4）大对数双绞线电缆容易导致线对之间的近端串音以及近端串音的叠加，这对高速数据传输十分不利，除非必要，不要使用大对数电缆作为主干布线电缆。

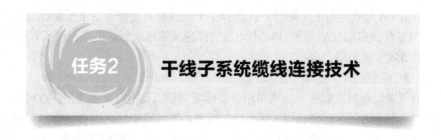

任务描述

干线子系统缆线连接技术是要采用合适的辅助工具进行弱电井的放线，它将直接影响到综合布线系统的传输速度。

任务目标

了解干线子系统缆线施工规范；掌握常见的缆线布放方式。

任务实施

一、干线子系统缆线施工规范

主干缆线布线施工过程中，要注意遵守以下规范要求：

1）应采用金属桥架或槽道敷设主干缆线，以提供缆线的支撑和保护功能，金属桥架或槽道要与接地装置可靠连接。

2）在智能建筑中有多个系统综合布线时，要注意各系统使用的缆线的布设间距要符合规范要求。

3）在缆线布放过程中，缆线不应产生扭绞或打圈等有可能影响缆线本身质量的现象。

4）缆线布放后，应平直处于安全稳定的状态，不应受到外界的挤压或遭受损伤而产生故障。

5）在缆线布放过程中，布放缆线的牵引力不宜过大，应小于缆线允许的拉力的80%，在牵引过程中要防止缆线被拖、蹭、磨等损伤。

6）主干缆线一般较长，在布放缆线时可以考虑使用机械装置辅助人工进行牵引，在牵引过程中各楼层的人员要同步牵引，不要用力曳拉缆线。

二、干线子系统缆线施工

主干缆是建筑物的主要缆线，它为从设备间到每层楼上的管理间之间传输信号提供通路。在新的建筑物中，通常有竖井通道。沿着竖井方向通过各楼层敷设缆线，只要提供防火措施。在许多老式建筑中，可能有大槽孔的竖井。通常在这些竖井内装有管道，以供敷设气、水、电、空调等缆线。若利用这样的竖井来敷设缆线，则缆线必须加以保护。也可以将缆线固定在墙角上，如图3-50所示。

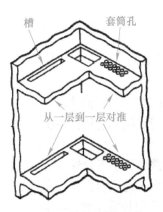

图3-50　封闭性的竖井

在竖井中敷设主干缆一般有2种方式：

1）向下垂放电缆。

2）向中牵引电缆。

相比较而言，向下垂放比向上牵引容易。

1. 向下垂放缆线

向下垂放缆线的一般步骤如下：

1）首先把缆线卷轴放到最顶层。

2）在离房子的开口（孔洞）3～4m处安装缆线卷轴，并从卷轴顶部馈线。

3）在缆线卷轴处安排所需的布线施工人员（数目视卷轴尺寸及缆线质量而定），每层上要有一个工人以便引寻下垂的缆线。

4）开始旋转卷轴，将缆线从卷轴上拉出。

5）将拉出的缆线引导进竖井中的孔洞。在此之前先在孔洞中安放一个塑料的套状保护物，以防止孔洞不光滑的边缘擦破缆线的外皮，如图3-51所示。

6）慢慢地从卷轴上放缆并进入孔洞向下垂放，请不要快速地放缆。

7）继续放线，直到下一层布线人员能将缆线引到下一个孔洞。

8）按前面的步骤，继续慢慢地放线，并将缆线引入各层的孔洞。

如果要经由一个大孔敷设垂直主干缆线，则无法使用塑料保护套了，这时最好使用一个滑车轮，通过它来下垂布线，为此需要做如下操作：

1）在孔的中心处装上一个滑车轮，如图3-52所示。

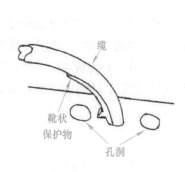

图3-51　塑料的套状保护物

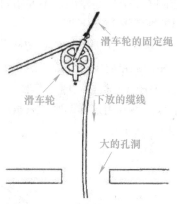

图3-52　用滑车轮向下布放缆线

2）将缆拉出绕在滑车轮上。

3）按前面所介绍的方法牵引缆穿过每层的孔，当缆线到达目的地时，把每层上的缆线绕成卷放在架子上固定起来，等待以后的端接。

在布线时，若缆线要越过弯曲半径小于允许值的弯角（双绞线弯曲半径为8～10倍于缆线的直径，光缆为20～30倍于缆线的直径），可以将缆线放在滑车轮上，解决缆线的弯曲问题，如图3-53所示。

2. 向上牵引缆线

向上牵引缆线可用电动牵引绞车，具体操作步骤如下：

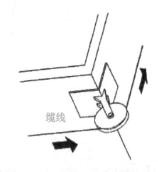

图3-53　用滑车轮解决缆线的弯曲半径

1）按照缆线的质量，选定绞车型号，并按绞车制造厂家的说明书进行操作。先往绞车中穿一条绳子。

2）起动绞车，并往下垂放一条拉绳（确认此拉绳的强度能保护牵引缆线），拉绳向下垂放直到安放缆线的底层。

3）如果缆上有一个拉眼，则将绳子连接到此拉眼上。

4）起动绞车，慢慢地将缆线通过各层的孔向上牵引。

5）缆的末端到达顶层时，停止绞车。

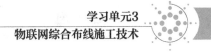

6）在地板孔边沿上用夹具将缆线固定。

7）当所有连接制作好之后，从绞车上释放缆线的末端。

| 任务3 | 同轴电缆连接技术 |

任务描述

在干线子系统中，除了使用双绞线做为传输介质外，还经常采用大对数缆线来传输语音信号，用同轴电缆来传输有线电视信号。干线子系统中大对数的连接技术与在配线（水平）子系统中的大对数连接技术是一致的，本任务主要讲述同轴电缆的连接技术。

任务目标

了解同轴电缆的种类及作用，掌握同轴电缆的连接技术。

任务实施

一、认识同轴电缆

同轴电缆主要用于有线电视图像及音频信号的传输。其结构组成如图3-54所示。

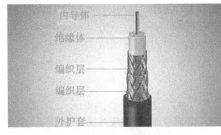

图3-54　同轴电缆结构组成

同轴电缆是由内、外导体组成，两个导体同轴布置，传输信号完全限制在外导体内，外导体（编织层）接地作为屏蔽层传输线，从而保证其屏蔽性能好、传输损耗小、抗干扰性强、使用频带宽。常被用于频率较高的信号的传输，根据需要，在同轴编织层内可以加入高、低频对称线组构成综合同轴电缆。

目前物联网工程布线中常用的同轴电缆有SYV－75系列、SFYV－75系列等。例如，同轴电缆外护套上标识为SYV－75－2－1，其含义是"S"表示同轴射频电缆，"Y"表示绝缘介质为聚乙烯，"V"表示保护套材料为聚氯乙稀，"75"表示特性阻抗为75Ω，"2－1"代表线的直径大小型号。这是比较常见的一种电缆。

二、同轴电缆英制F接头的制作

在SDH光网络中，同轴电缆适配器接口形式主要是BNC接头，而在物联网工程布线中，

学习单元1

学习单元2

学习单元3

学习单元4

参考文献

大多采用英制F接头做为适配器接口形式。英制F接头形状如图3-55所示。英制F接头的制作步骤如下：

1）用剥线工具将同轴电缆的外护套剥除，并适当地剪去一定长度的铝泊绝缘层和绝缘体，露出中间的铜芯，铜芯的长度不超过1cm，如图3-56所示。

图3-55　同轴电缆英制F接头

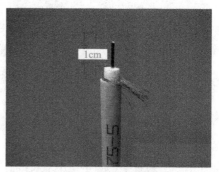

图3-56　同轴电缆剥线

2）将同轴电缆插入英制F接头内，拧到露出中间的铜芯为止，如图3-57所示。加工完成的接头如图3-58所示。

图3-57　拧紧英制F接头

图3-58　加工完成的英制F接头

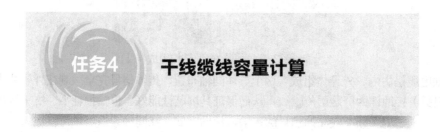

任务4　干线缆线容量计算

任务描述

　　干线子系统缆线容量计算与配线（水平）子系统的缆线容量估算不同，它不但要估算缆线的用量，还要估算所需的连接配线设备的用量。

任务目标

　　掌握干线缆线的计算方法。

任务实施

在确定干线缆线类型后，便可以进一步确定每层楼的干线容量。一般而言，在确定每层楼的干线类型和数量时，都要根据楼层水平子系统所有的各个语音、数据、图像等信息插座的数量来进行计算。具体计算的原则如下：

1）语音干线可按一个电话信息插座至少配1个线对的原则进行计算。

2）计算机网络干线线对容量计算原则是：电缆干线按24个信息插座配2对对绞线，每一个交换机或交换机群配4对对绞线；光缆干线按每48个信息插座配2芯光纤。

3）当楼层信息插座较少时，在规定长度范围内，可以多个楼层共用交换机，并合并计算光纤芯数。

4）如有光纤到用户桌面的情况，光缆直接从设备间引至用户桌面，干线光缆芯数应不包含这种情况下的光缆芯数。

5）主干系统应留有足够的余量，以作为主干链路的备份，确保主干系统的可靠性。

下面对干线缆线容量计算进行举例说明。

例：已知某建筑物需要实施综合布线工程，根据用户需求分析得知，其中第六层有60个计算机网络信息点，各信息点要求接入速率为100Mbit/s，另有50个电话语音点，而且第六层楼层管理间到楼内设备间的距离为60m，请确定该建筑物第六层的干线电缆类型及线对数。

解答：

1）60个计算机网络信息点要求该楼层应配置三台24口交换机，交换机之间可通过堆叠或级联方式连接，最后交换机群可通过一条4对超5类非屏蔽双绞线连接到建筑物的设备间。因此计算机网络的干线缆线配备一条4对超5类非屏蔽双绞线电缆。

2）50个电话语音点，按每个语音点配1个线对的原则，主干电缆应为50对。根据语音信号传输的要求，主干缆线可以配备一根3类50对非屏蔽大对数电缆。

任务5 设备间的设计与施工

任务描述

设备间子系统是建筑物综合布线系统的线路汇聚中心，各房间内信息插座经水平缆线连接，再经干线缆线最终汇聚连接至设备间。设备间还安装了各应用系统相关的管理设备，为建筑物各信息点用户提供各类服务，并管理各类服务的运行状况。图3-59为典型设备间的内部结构。

图3-59　典型设备间的内部结构

任务目标

了解设备间子系统的定义与设计要求；掌握设备间子系统的布线方案与管理方法。

任务实施

一、设备间子系统的设计要求

设备间子系统的设计主要考虑设备间的位置以及设备间的环境要求。

1. 设备间的位置及面积

设备间的位置及大小应根据建筑物的结构、综合布线规模、管理方式以及应用系统设备的数量等方面进行综合考虑，择优选取。一般而言，设备间应尽量建在建筑平面及其综合布线干线综合体的中间位置。在高层建筑内，设备间也可以设置在2、3层。设备间最小使用面积不得少于20m²。

2. 设备间的环境要求

设备间内安装了计算机、计算机网络设备、电话程控交换机、建筑物自动化控制设备等硬件设备。这些设备的运行需要相应的温度、湿度、供电、防尘等要求。设备间内的环境设置可以参照国家计算机用房设计标准《电子计算机机房设计规范》（GB 50174—93）、程控交换机的《工业企业程控用户交换机工程设计规范》（CECS09：89）等相关标准及规范。

3. 设备间的设备管理

设备间内的设备种类繁多，而且缆线布设复杂。为了管理好各种设备及缆线，设备间内的设备应分类分区安装，设备间内所有进出线装置或设备应采用不同的色标，以区别各类用途的配线区，方便线路的维护和管理。

二、设备间布线方案

设备间的缆线敷设方式有两种，一是经由防静电地板下的桥架敷设，二是经由天花板下的桥架敷设。当缆线数量非常大时，建议采用后一种方式。缆线由设备间外部进入，经垂直桥架到达室内，然后再由水平桥架分布至各机柜或机架，如图3-60所示。

图3-60　典型的设备间布线

三、设备间的设备与连接器件

设备间的设备根据综合布线所用介质类型分为两大类器件，即铜缆器件和光纤器件。这些设备用于配线间和设备间的缆线端接，以构成一个完整的综合布线系统，通过它们还可以实现灵活的线路管理功能。实际上，设备间与管理间所用到的设备和连接器件是大同小异的，所以在很多工程实际中，为了节省空间，将设备间与某个楼层的管理间合并在一个房间中。

设备间用到的铜缆器件主要有配线架、机柜及缆线相关附件。光纤器件根据光缆布线场合要求分为两类，即光纤配线架和光纤接线箱。

四、设备间的管理

设备间交接方案有单点管理和双点管理两种。交接方案的选择与综合布线系统规模有直接关系，一般来说单点管理交接方案应用于综合布线系统规模较小的场合，而双点管理交接方案应用于综合布线系统规模较大的场合。

五、设备间的机柜

在各种项目中，机房设备是必不可少的，而机柜又是其中的主要设备之一。常用的19in标准机柜外形如图3-61所示。

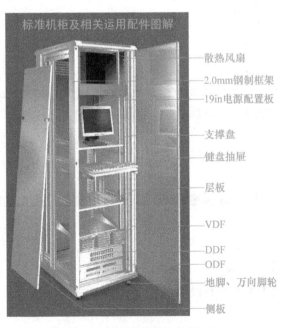

图3-61　19in标准机柜外形图

一般来说，在安装机柜之前首先对可用空间进行规划，为了便于散热和设备维护，建议机柜前后与墙面或其他设备的距离不应小于0.8m，机房的净高不能小于2.5m。

项目3　　　　建筑群干线光缆的布线施工

项目描述

　　建筑群干线子系统一般为室外敷设的干线线路，而其他子系统都属于室内敷设的通信线路。它们的安装施工现场和客观环境条件是截然不同的，因此，它们的安装方法与技术要求有较大的区别。一般来说，建筑群主干布线子系统的缆线敷设方式不同于室内通信线路，而是与本地电信网的电缆安装敷设方式基本一致。

项目目标

　　通过本项目的学习，掌握建筑群子系统的设计与施工技术要点；掌握光纤熔接技术。

任务1　　建筑群子系统的设计与施工

任务描述

　　建筑群子系统主要应用于多幢建筑物组成的建筑群综合布线场合，单幢建筑物的综合布线系统可以不考虑建筑群子系统。建筑群子系统的设计主要考虑布线路由选择、缆线选择、缆线布线方式等内容。

任务目标

　　了解建筑群子系统的定义；掌握建筑群子系统的设计规范与施工技术要点。

任务实施

一、建筑群子系统的规划与设计

建筑群子系统应按下列要求进行设计。

1. 考虑环境美化要求

　　建筑群主干布线子系统设计应充分考虑建筑群覆盖区域的整体环境美化要求，建筑群干线电缆尽量采用地下管道或电缆沟敷设方式。因客观原因最后选用了架空布线方式的，也要尽量选用原已架空布设的电话线或有线电视电缆的路由，干线电缆与这些电缆一起敷设，以减少架空敷设的电缆线路。

2. 考虑建筑群未来发展需要

在缆线布线设计时，要充分考虑各建筑需要安装的信息点种类、信息点数量，选择相对应的干线电缆的类型以及电缆敷设方式，使综合布线系统建成后，保持相对稳定，能满足今后一定时期内各种新的信息业务发展需要。

3. 缆线路由的选择

考虑到节省投资，缆线路由应尽量选择距离短、线路平直的路由。但具体的路由还要根据建筑物之间的地形或敷设条件而定。在选择路由时，应考虑原有已铺设的地下各种管道，缆线在管道内应与电力缆线分开敷设，并保持一定间距。

4. 电缆引入要求

建筑群干线电缆、光缆进入建筑物时，都要设置引入设备，并在适当位置终端转换为室内电缆、光缆。引入设备应安装必要保护装置以达到防雷击和接地的要求。干线电缆引入建筑物时，应以地下引入为主。如果采用架空方式，则应尽量采取隐蔽方式引入。

5. 干线电缆、光缆交接要求

建筑群的干线电缆、主干光缆布线的交接不应多于两次。从每幢建筑物的楼层配线架到建筑群设备间的配线架之间只应通过一个建筑物配线架。

6. 建筑群子系统布线缆线的选择

建筑群子系统敷设的缆线类型及数量由综合布线连接应用系统种类及规模来决定。一般来说，计算机网络系统常采用光缆作为建筑物布线缆线。在网络工程中，经常使用62.5μm/125μm（62.5μm是光纤纤芯直径，125μm是纤芯包层的直径）规格的多模光缆，有时也用50μm/125μm和100μm/140μm规格的多模光纤。户外布线大于2km时可选用单模光纤。

电话系统常采用3类大对数电缆作为布线缆线，3类大对数双绞线是由多个线对组合而成的电缆，为了适合于室外传输，电缆还覆盖了一层较厚的外层皮。3类大对数双绞线根据线对数量分为25对、50对、100对、250对、300对等规格，要根据电话语音系统的规模来选择3类大对数双绞线相应的规格及数量。

有线电视系统常采用同轴电缆或光缆作为干线电缆。

7. 电缆线的保护

当电缆从一幢建筑物到另一幢建筑物时，要考虑易受到雷击、电源碰地、电源感应电压或地电压上升等因素，必须保护这些线对。如果电气保护设备位于建筑物内部（不是对电信公用设施实行专门控制的建筑物），那么所有保护设备及其安装装备都必须有UL安全标记。

二、建筑群子系统缆线布线方法

建筑群主干布线子系统一般是布放在园区的大区域内，其电缆敷设方式通常有架空悬挂（包括墙壁挂设）和地下敷设两种类型。为了使通信线路逐渐向隐蔽化发展，宜采用地下敷设为主，只有在某些特殊场合（例如，地形高差过大，不宜采取地下敷设），通信线路才采用架空方式。在建筑群主干布线子系统中采用地下电缆的敷设方式是主要的，目前较为常用的有两种：一种是穿放在地下通信电缆管道中的地下管道布线法；另一种是直接埋设在地下的直埋布线法。此外，还有与其他系统合用在电缆沟或隧道中敷设的电缆，这种情况较为少用，具体方法与管道电缆的施工方法相似。

下面将详细介绍这几种方法。

1. 架空悬挂

架空悬挂法通常应用于有现成电杆，对电缆的走线方式无特殊要求的场合。这种布线方式造价较低，但影响环境美观且安全性和灵活性不足。架空悬挂法要求用电杆将缆线在建筑物之间悬空架设，一般先架设钢丝绳，然后在钢丝绳上挂放缆线。架空悬挂使用的主要材料和配件有缆线、钢缆、固定螺栓、固定拉攀、预留架、U形卡、挂钩、标志管等，如图3-62所示。在架设时需要使用滑车、安全带等辅助工具。

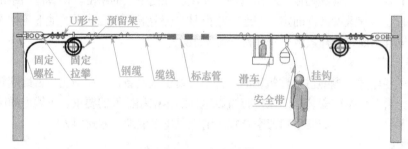

图3-62　架空悬挂

架空电缆通常穿入建筑物外墙上的U形钢保护套，然后向下（或向上）延伸，从电缆孔进入建筑物内部。建筑物到最近处的电线杆相距应小于30m。建筑物的电缆入口可以是穿墙的电缆孔或管道，电缆入口的孔径一般为5cm。一般建议另设一根同样口径的备用管道，如果架空线的净空有问题，则可以使用天线杆型的入口。该天线的支架一般不应高于屋顶1 200mm。如果再高，就应使用拉绳固定。通信电缆与电力电缆之间的间距应遵守当地城管等部门的有关法规。

2. 直埋布线法

直埋布线法根据选定的布线路由在地面上挖沟，然后将缆线直接埋在沟内。直埋布线的电缆除了穿过基础墙的那部分电缆有管保护外，电缆的其余部分直埋于地下，没有保护，如图3-63所示。直埋电缆通常应埋在距地面0.6m以下的地方，或按照当地城管等部门的有关法规施工。

当建筑群子系统采用直埋沟内敷设时，如果在同一个沟内埋入了其他的图像、监控电缆，则应设立明显的共用标志。

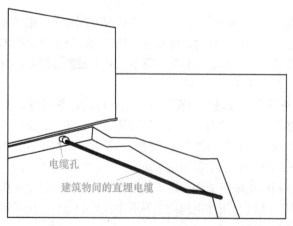

图3-63　直埋布线法

直埋布线法的路由选择受到土质、公用设施、天然障碍物（如木、石头）等因素的影响。直埋布线法具有较好的经济性和安全性，总体优于架空布线法，但更换和维护电缆不方便且成本较高。

3. 地下管道布线法

地下管道布线是一种由管道和入孔组成的地下系统，它把建筑群的各个建筑物进行互连。一根或多根管道通过基础墙进入建筑物内部的结构，如图3-64所示。地下管道对电缆起到很好的保护作用，因此电缆受损坏的机会减少，且不会影响建筑物的外观及内部结构。

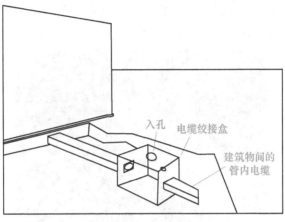

图3-64　地下管道布线法

管道埋设的深度一般在0.8~1.2m，或符合当地城管等部门有关法规规定的深度。为了方便日后的布线，管道安装时应预埋1根拉线，以供以后的布线使用。为了方便缆线的管理，地下管道应间隔50~180m设立一个接合井，以方便人员维护。接合井可以是预制的，也可以是现场浇筑的。此外安装时至少应预留1~2个备用管孔，以供扩充之用。

4. 电缆沟或隧道内电缆布线

在建筑物之间通常有地下通道，大多是供暖供水的，利用这些通道来敷设电缆不仅成本低，而且可以利用原有的安全设施。如考虑到暖气泄漏等条件，电缆安装时应与供气、供水、供暖的管道保持一定的距离，安装在尽可能高的地方，可根据民用建筑设施的有关条件进行施工。

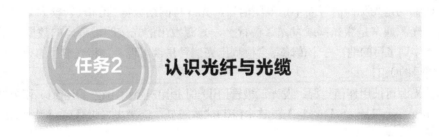

任务2　认识光纤与光缆

任务描述

随着信息技术的发展和应用，数据传输量剧增，数据网络在未来几年的总趋势就是对带宽需求的直线上升。光纤网络中，仅一条光缆就能提供几乎无尽的传输能力，允许所有形式的数据同时通过。并且在所有布线系统中，光纤的数据误码率最低。光纤作为网络媒介，在现代物联网工程布线系统中成为首选传输媒介。认识光纤与光缆，是完成物联网工程布线施工的第一步。

任务目标

了解光纤与光缆的结构与传输特性；掌握光纤与光缆的区别。

任务实施

一、认识光纤

光纤是一种将信号从一端传送到另一端的媒介，它是一条玻璃或塑胶纤维，作为让信号通过的传输媒介，如图3-65所示。

图3-65　光纤

玻璃纤维外包有一层涂料，称为包层，光信号在玻璃纤维内以全反射方式传递。光纤剖面结构如图3-66所示。纤芯质地脆、易断裂，因此须在外面加一层保护层。光纤作为网络传输介质现在越来越流行，主要是与同轴电缆相比较，它具有较强的抗电磁干扰性，较高的传输速率，较长的最大传输距离和更好的安全性。

图3-66　光纤结构

光纤传输的是光脉冲信号而不是电压信号，光纤将网络数据的0和1转换为某种光源的灭和亮（这种光源通常是激光管或发光二极管），光源发出的光按照被编码的数据表示亮或者灭。当光脉冲到了目的地，一个传感器会检测出光信号是否出现，并将光信号的灭和亮相应地转换回电信号的0和1。

有两种光源可被用作信号源：发光二极管LED（Light-Emitting Diode）和半导体激光管ILD（Injection Laser Diode）。其中LED成本较低，而激光二极管可获得很高的数据传输率和较远的传输距离。

大多数的光纤网络系统中都使用两根光纤，一根用来发送，一根用来接收。在实际应用中，光缆的两端都应安装有光纤收发器，光纤收发器集成了光发送机和接收机的功能。

二、光纤与光缆

通常"光纤"与"光缆"两个名词会被混淆。多数光纤在使用前必须由几层保护结构包覆，包覆后的缆线即被称为光缆。光纤外层的保护结构可防止周遭环境对光纤的伤害，如水、火、电击等。光缆分为光纤、缓冲层及披覆。光纤和同轴电缆相似，只是没有网状屏蔽层。中心是光传播的玻璃芯。在多模光纤中，芯的直径是15～50mm，大致与人的头发的粗细相当。而单模光纤芯的直径为8～10mm。芯外面包围着一层折射率比芯的折射率低的玻璃封套，以使光纤保持在芯内。再外面是一层薄的塑料外套，用来保护封套。光纤通常被扎成束，外面有外壳保护。纤芯通常是由石英玻璃制成的横截面积很小的双层同心圆柱体，它质地脆、易断裂，因此需要外加一保护层。

光缆的外形与截面结构如图3-67所示。

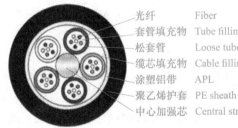

光纤	Fiber
套管填充物	Tube filling compound
松套管	Loose tube
缆芯填充物	Cable filling compound
涂塑铝带	APL
聚乙烯护套	PE sheath
中心加强芯	Central strength member

图3-67　光缆

三、光纤的传输特点

由于光纤是一种传输媒介，它可以像一般的铜缆线传送电话通话或计算机数据等资料，所不同的是，光纤传送的是光信号而非电信号，光纤传输具有同轴电缆无法比拟的优点而成为远距离信息传输的首选设备。因此，光纤具有很多独特的优点。

1. 频带宽

频带的宽窄代表传输容量的大小。载波的频率越高，可以传输信号的频带宽度就越大。在VHF频段，载波频率为48.5～300MHz。带宽约250MHz，只能传输27套电视和几十套调频广播。可见光的频率达100 000GHz，比VHF频段高出一百多万倍。尽管由于光纤对不同频率的光有不同的损耗，使频带宽度受到影响，但在最低损耗区的频带宽度也可达30 000GHz。目前单个光源的带宽只占了其中很小的一部分（多模光纤的频带约几百兆赫，好的单模光纤可达10GHz以上），采用先进的相干光通信可以在30 000GHz范围内安排2 000个光载波，进行波分复用，可以容纳上百万个频道。

2. 损耗低

在同轴电缆组成的系统中，最好的电缆在传输800MHz信号时，每km的损耗都在40dB以上。相比之下，光导纤维的损耗则要小得多，传输1.31μm的光，每km损耗在0.35dB以下。若传输1.55μm的光，则每km损耗更小，可达0.2dB以下。这就比同轴电缆的功率损耗要小一亿倍，使其能传输的距离要远得多。此外，光纤传输损耗还有两个特点，一是在全部有线电视频道内具有相同的损耗，不需要像电缆干线那样必须引入均衡器进行均衡；二是其损耗几乎不随温度而变，不用担心因环境温度变化而造成干线电平的波动。

3. 重量轻

因为光纤非常细，单模光纤芯线直径一般为4～10μm，外径也只有125μm，加上防水层、加强筋、护套等，用4～48根光纤组成的光缆直径还不到13mm，比标准同轴电缆的直径47mm要小得多，加上光纤是玻璃纤维，比重小，使它具有直径小、重量轻的特点，安装十分方便。

4. 抗干扰能力强

因为光纤的基本成分是石英，只传光，不导电，不受电磁场的作用，在其中传输的光信号不受电磁场的影响，故光纤传输对电磁干扰、工业干扰有很强的抵御能力。也正因为如此，在光纤中传输的信号不易被窃听，因而利于保密。

5. 保真度高

因为光纤传输一般不需要中继放大，不会因为放大引入新的非线性失真。只要激光器的线性好，就可高保真地传输电视信号。实际测试表明，好的调幅光纤系统的载波组合三次差拍比C/CTB在70dB以上，交调指标cM也在60dB以上，远高于一般电缆干线系统的非线性失真。

6. 工作性能可靠

一般，一个系统的可靠性与组成该系统的设备数量有关。设备越多，发生故障的机会越大。因为光纤系统包含的设备数量少（不像电缆系统那样需要几十个放大器），可靠性自然也就高，加上光纤设备的寿命都很长，无故障工作时间达50万～75万h，其中寿命最短的是光发射机中的激光器，最低寿命也在10万h以上。故一个设计良好、正确安装调试的光纤系统的工作性能是非常可靠的。

任务3   光纤的熔接

任务描述

在现代物联网工程布线系统中，光纤是配线子系统、干线子系统和建筑群子系统中必不可少的传输介质。在传输距离过长（一般超过2km），或在各子系统的连接点，都需要用到光纤的熔接。所以，正确地使用相关的光纤工具进行光纤熔接，是现代物联网工程布线施工的必备技能。

任务目标

掌握光纤熔接的原理；掌握常用光纤熔接工具的使用；掌握光纤热熔的基本步骤与熔接技术要点。

任务实施

一、光纤熔接原理

光纤连接采用熔接方式。熔接是通过将光纤的端面熔化后将两根光纤连接到一起的，这个过程与金属线焊接类似，通常要用电弧来完成。熔接的示意图如图3-68所示。

图3-68　光纤熔接示意图

熔接连接光纤不产生缝隙，因此不会引入反射损耗，入射损耗也很小，在0.01～0.15dB之间。在光纤进行熔接前要把它的涂敷层剥离。机械接头本身是保护连接的光纤的护套，但熔接在连接处却没有任何的保护。因此，熔接光纤设备包括重新涂敷器，它涂敷熔接区域。作为选择的另一种方法是，使用熔接保护套管。它们是一些分层的小管，其基本结构和通用尺寸如图3-69所示。

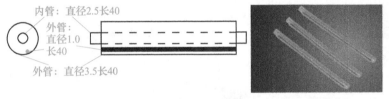

图3-69　光纤熔接保护套管的基本结构和通用尺寸（图中单位均为mm）

将保护套管套在接合处，然后对它们进行加热。内管是由热缩材料制成的，因此这些套管就可以牢牢地固定在需要保护的地方，加固件可避免光纤在这一区域受到弯曲。

二、光纤工具

由于光纤是一条极细玻璃纤维，纤芯质地脆、易断裂，所以光缆的保护层很厚实，因此在进行光纤熔接时，要用到专门的工具。常见的工具如下。

1. 光纤熔接工具箱（见图3-70）

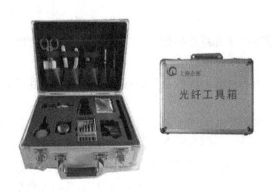

图3-70　上海企想光纤工具箱

主要工具包含：

1）皮线光缆开剥器1把。

2）光纤剥线钳1把。

3）横向开缆刀1把。

4）光纤切割刀1把。

5）剪刀（凯夫拉）1把。

6）蛇头钳1把。

7）横向束管刀1套。

8）内六角扳手2把。

9）洗耳球1套。

10）记号笔1个。

11）酒精泵瓶1支。

12）微型螺钉旋具1个。

13）定长器1套。

14）导轨条1把。

15）笔式切割刀1把。

16）酒精布20块。

17）工具箱1个。

2. 光纤熔接机（见图3-71）

图3-71　光纤熔接机

三、光纤熔接过程

1. 操作前注意事项

1）在进行光纤接续或制作光纤连接器时，施工人员必须戴上眼罩和手套，穿上工作服，保持环境洁净。

2）不允许观看已通电的光源、光纤及其连接器，更不允许用光学仪器观看已通电的光纤传输通道器件。

3）只有在断开所有光源的情况下，才能对光纤传输系统进行维护操作。

2. 光纤熔接操作步骤

1）剥开光缆，并将光缆固定到接续盒内。在接续盒里固定钢丝时一定要压紧，不能有松动。注意不要伤到管束，开剥长度取1m左右，用卫生纸将油膏擦拭干净，如图3-72～图3-77所示。

图3-72　剥开加固钢丝1

图3-73　剥开加固钢丝2

图3-74　剥开加固钢丝3

图3-75　光缆穿过光缆接线盒

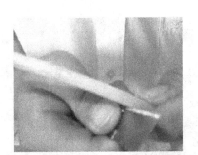

图3-76　用美工刀剥开光纤管束

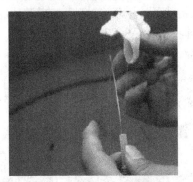

图3-77　用卫生纸将油膏擦拭干净

2）将光纤穿过热缩管。将不同管束、不同颜色的光纤分开，穿过热缩套管。剥去涂抹层的光缆很脆弱，使用热缩套管，可以保护光纤接头，如图3-78所示。

3）准备熔接机，打开熔接机电源，选择合适的熔接方式。熔接机的供电电源有直流和交流两种，要根据供电电流的种类来合理开关，每次使用熔接机前，应使熔接机在熔接环境中放置至少15min。根据光纤类型设置熔接参数、预放电时间、主放电时间等，如没有特殊情况，一般选择自动熔接程序。并在使用中和使用后要及时去除熔接机中的粉尘和光纤碎末。

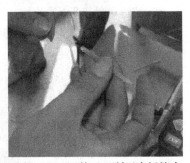

图3-78　用美工刀剥开光纤管束

4）剥光纤绝缘层。使用光纤剥线钳剥去光纤上的绝缘涂层，如图3-79所示。

5）裸纤的清洁。将棉花撕成平整的小块，粘少许酒精，夹住已经剥覆的光纤，顺光纤轴向擦拭，用力要适度，每次要使用棉花的不同部位和层面，这样可以提高棉花利用率，如图3-80所示。

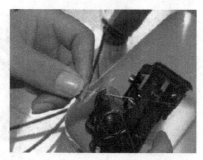

图3-79　剥光纤绝缘层

图3-80　用酒精棉擦拭油膏

6）裸纤的切割。首先清洁切刀和调整切刀位置，切刀的摆放要平稳，切割时，动作要自然，平稳，勿重，勿轻。避免断纤、斜角、毛刺及裂痕等不良端面产生，如图3-81所示。

图3-81　用光纤切割机切割光纤

7）放置光纤。将光纤放在熔接机的V形槽中，小心压上光纤压板和光纤夹具，要根据光纤切割长度设置光纤在压板中的位置，要熔接的另一根光纤也同样处理，关上防风罩，按熔接键就可以自动完成熔接，在熔接机显示屏上会显示估算的损耗值，如图3-82～图3-84所示。

图3-82　光纤放在熔接机上

图3-83　关闭防风罩

图3-84　按键开始熔接

8）拿出熔接好的光纤，把热缩管移到剥去绝缘层的位置，用熔接机加热炉加热，如图3-85所示。

图3-85　将热缩管放在剥去绝缘层的位置加热

9）盘纤并固定。在盘纤时，一定要保持一定半径，使激光在纤芯中传输时避免产生一些不必要的损耗，如图3-86所示。

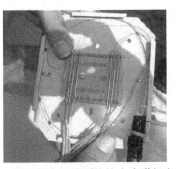

图3-86　将光纤放到接线盒中进行盘纤

盘纤方法如下:

a)先中间后两边,即先将热缩后的套管逐个放置于固定槽中,然后再处理两侧余纤。优点:有利于保护光纤接点,避免盘纤可能造成的损害。在光纤预留盘空间小、光纤不易盘绕和固定时,常用此种方法。

b)从一端开始盘纤,固定热缩管,然后再处理另一侧余纤。优点:可根据一侧余纤长度灵活选择铜管安放位置,方便、快捷,可避免出现急弯、小圈现象。

c)特殊情况的处理,如个别光纤过长或过短时,可将其放在最后,单独盘绕;带有特殊光器件时,可将其另作处理,若与普通光纤共盘时,应将其轻置于普通光纤之上,两者之间加缓冲衬垫,以防止挤压造成断纤,且特殊光器件尾纤不可太长。

d)根据实际情况采用多种图形盘纤。按余纤的长度和预留空间大小,顺势自然盘绕,切勿生拉硬拽,应灵活地采用圆、椭圆、"CC""~"多种图形盘纤(注意r≥4cm),尽可能最大限度利用预留空间和有效降低因盘纤带来的附加损耗。

10)密封接续盒。在野外的接续盒一定要密封好。如果接续盒进水,则由于光纤以及光纤熔接点长期浸泡在水中,可能会导致光纤衰减增大。

3. 注意事项

1)切割光纤、熔接光纤的时候,确保光纤上没有过多的油膜。

2)把光纤放到光纤熔接器中,保证在显示屏上能够观测到光纤,并且光纤之间有一定的空隙。

光纤熔接是一项细致的工作,此项工作做得好与坏直接影响到整套系统的运行情况,它是整套系统的基础,这就要求大家在现场操作时仔细观察、规范操作,这样才能提高实践操作技能,全面提高光纤熔接质量。

任务4　　光纤跳线与耦合器

任务描述

在实际工程中,有许多光纤熔接的施工场所环境比较恶劣,如高空、窄小的空间或没有强电的地方,不能方便地使用光纤熔接机进行光纤熔接。在这些场合下,施工时一般采用各种光纤耦合器用光纤冷接的方式来完成光纤的连接。光纤耦合器还广泛地应用于制作从设备到光纤布线链路的光纤跳线。

任务目标

了解光纤耦合器的种类及作用；掌握光纤跳线的种类；掌握常用SC型光纤跳线的制作方法及技巧。

任务实施

一、光纤耦合器

光纤耦合器（Coupler）是指光信号通过光纤中分至多条光纤中的元件，属于一种光被动元件，一般在电信网络、有线电视网络、用户回路系统、区域网络各个领域都会应用到。

光纤耦合器在被动元件中起重大作用，有时也称之为分离器（Splitter）、连接器、适配器、法兰盘等。各种类型的光纤耦合器如图3-87所示。

图3-87　各类光纤耦合器

二、光纤跳线

光纤跳线是指与桌面计算机或设备直接相连接的光纤，以方便设备的连接和管理。光纤跳线也分为单模和多模两种，分别与单模和多模光纤连接。跳线（jumper）是用于两个设备之间不带连接器的活动连接线。区别于接插线（patch cord），它是一端或两端带有连接器；跳线是缆线的两端都有光纤接头，可直接连接设备，而尾纤只有一端有光纤接头，另一端用来与光纤熔接。图3-88所示为几种不同接口类型的光纤跳线。

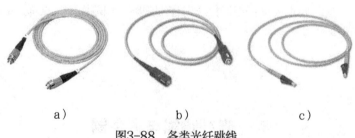

a）　　　　　　　　　b）　　　　　　　　　c）

图3-88　各类光纤跳线

a）FC/PC　b）SC/PC　c）LC/PC

1. 光纤连接器

光纤连接器是光纤与光纤之间进行可拆卸（活动）连接的器件，它是把光纤的两个端面精密对接起来。光纤连接器的基本要求是发射光纤输出的光能量能最大限度地耦合到接收光纤中，并使由于其介入光链路而对系统造成的影响减到最小。在一定程度上，光纤连接器也影响了光传输系统的可靠性和各项性能。

光纤连接器产品尺寸精度高，重复性、互换性好，可靠稳定，广泛应用于光纤通信系统、光纤数据传输、LAN、光纤传感器和光纤 CATV。常见的光纤连接器接口有多种类型，如图3-89所示。

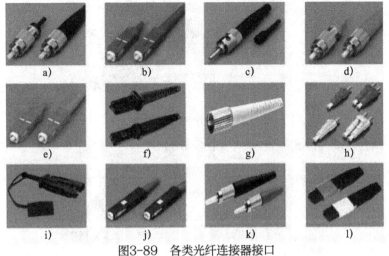

图3-89　各类光纤连接器接口

a）FC/PC　b）SC/PC　c）ST/PC　d）FC/APC　e）SC/APC　f）MTRJ
g）D4　h）LC/PC　i）FDDI　j）MU　k）DIN4　l）MPO

2. 光纤跳线类型

1）光纤跳线根据接头形状可分为FC、SC、ST、LC等。

2）根据插芯的研磨方式（端面）可分为PC（平面）、UPC（球形面）、APC（斜8°面）等（有线电视光收发机一般要求FC/APC接头）。

3）根据光纤种类可分为单模、50μm/125μm多模、62.5μm/125μm多模及千兆、万兆等。

4）根据尾缆直径可分为900μm、2mm、3mm等。

3. 光纤跳线制作

以单模单芯皮线光缆为材料，制作SC-SC光纤跳线。

（1）准备工具和器材

光纤跳线制作属于冷接方式，主要用到的工具有光纤开剥器、光纤剥离器（米勒钳）、光纤切割刀等，还要准备酒精棉花用于光纤清洁。

单模单芯皮线光缆为扁平结构，由两条250mm光纤和两根平行高强度件组成（FTR或钢盖），很容易剥去，可以安装，操作简单方便，如图3-90所示。

SC冷接子（也叫SC快速连接器）外形结构如图3-91所示。

图3-90　单模单芯皮线光缆

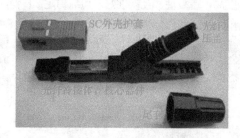

图3-91　SC快速连接器

（2）SC快速连接头制作操作步骤（见图3-92）

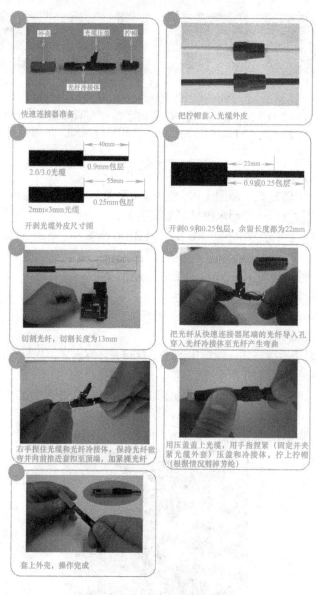

图3-92　光纤SC连接头制作

项目4 智能家居系统的布线施工

项目描述

　　智能家居是一种新兴的健康、环保、舒适、节能的生活理念。智能家居系统源于20世纪70年代美国环境专家提出的家居功能系统的概念，并在20世纪八九十年代兴盛于欧洲。智能家居系统采用了家居设备集成方案组成的一系列户式中央系统，全面提升了家居生活的舒适度，并能全面满足世界卫生组织（WHO）关于健康住宅的15项标准。目前，智能家居系统在发达国家已经得到广泛的普及，而在包括中国在内的发展中国家尚处于新兴阶段。

　　智能家居布线的规范性是十分重要的，它关系到智能家居系统能否正常运转。智能家居布线是实现家庭智能化的第一步，也是实现智能家居系统最重要的基础条件。智能家居系统的可靠性、稳定性及实际使用效果的好坏，20%取决于系统设备的内在质量，30%取决于系统的选型设计，50%取决于系统的安装施工质量。另外，及时、有效的售后服务体系，也是智能家居系统正常运转的可靠保障。

　　图3-93所示为智能家居系统效果图。

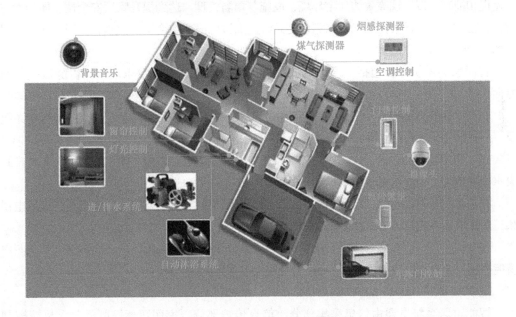

图3-93　智能家居系统效果图

项目目标

　　通过本项目的学习，了解智能家居系统的基本概念；掌握智能家居布线系统的基本设计与施工要点；重点掌握可视对讲系统设备的安装与调试方法。

任务1　　认识智能家居系统

任务描述

电子技术、信息技术的快速发展，使得智能化设备进入了千家万户，智能家居系统已经悄悄地改变了人们的生活方式，它让人们的住宅变得更加高效、安全、节能和丰富多彩。

任务目标

了解智能家居系统的定义与基本概念；掌握智能家居系统的基本组成及基本功能。

任务实施

一、什么是智能家居系统

智能家居是以住宅为平台，利用综合布线技术、网络通信技术、安全防范技术、自动控制技术、音视频技术等进行集成，包括与家居生活有关的通信、家电、安保设施集成，并对其进行监视和控制，以实现高效的住宅环境、设施与事务管理，达到提升家居安全性、便利性、舒适性、艺术性和环保节能的一套家居住宅系统。通过网络化综合智能控制和管理，实现"以人为本"的全新家居生活体验。

智能家居系统主要包括"环境调控""生活用水""信息娱乐"和"智能监控"四个方面。

在环境调控方面包括"户式中央空调系统""户式中央新风系统""户式中央吸尘系统"及"户式独立采暖系统"等。

在生活用水方面包括"户式中央热水系统"（含太阳能、电能、燃气等方式）和"户式中央水处理系统"（含软水、净水、纯水）等。

在信息娱乐方面包括"户式信息系统"（含电话交换、宽带网络、闭路电视、卫星电视）和"户式娱乐系统"（含家庭影院、背景音乐）等。

在智能监控方面包括"户式安防系统"（含防入侵报警、视频监控、消防安全）和"户式智能控制"（含灯光控制、窗帘控制、电器控制、厨卫设备控制）等。

二、智能家居系统的组成

智能家居系统主要由信息采集部分、信息传输部分、家居智能控制部分、反馈控制处理部分四部分组成。信息采集主要为了了解家居及家电设备的状态和信息；信息传输是要将终端采集到的信号发送给控制部分，同时将控制部分的控制指令传送到终端位置；终端执行相应的动作后，再利用信息采集部分和传输部分将执行结果反馈给信息控制部分，以达到控制目的。

信息采集部分包括：开关量信号采集、脉冲信号采集、模拟信号采集三个方面。开关量信号采集主要针对开关信号和报警信号的信息采集；脉冲信号采集主要针对三表远程抄送系统中脉冲表具的信号采集；模拟信号采集的采集对象包括温度、湿度、光线强度、电压和电流等。

信息传输部分内容包括通信传输协议和信息传输载体两个方面。通信传输协议可分为数据信息通信协议和报警通信传输协议两种。信号传输方式可分为有线传输和无线传输两大类。有线传输包括双绞线传输、同轴电缆传输、电力线载波传输和电话线传输等；无线传输包括RFID、WiFi、GPRS、蓝牙和红外线传输等。

家居智能控制部分包括信息显示、信息输入、处理与控制三部分内容。信息显示是家居智能控制器的输出界面。信息输入的常规手段是键盘输入，辅助的是密码卡或半导体信息按钮等，最新的智能家居系统信息输入采用的是触控屏输入。

三、智能家居系统的功能

智能家居系统涵盖家居控制系统、家居安防系统、家居监控系统、家居环境系统、背景音乐系统、影音娱乐集中控制系统、远程控制系统等。各个子系统可独立运行，也可以相互组合，形成多种联动和场景。

1. 家居控制系统

1）外出场景：主人外出时启动外出场景，安防设备会自动布防，同时检测大功率电器是否关闭。

2）睡眠场景：所有房间照明灯、音响、电视等全部关闭，床头灯缓缓关闭，卫生间灯亮度自动调为25%，便于起夜照明。

3）起床模式：此场景可以定时，开启此场景时，灯光会缓缓亮起，音响会播放轻快音乐，自动窗帘、自动窗户打开，呼吸新鲜空气，让人精神百倍。

2. 家居安防系统

1）渗水情况：当传感器检测到厨房出现渗水情况时，会向室内主机、用户手机、PC发出提示消息。

2）燃气泄漏：当检测到煤气、一氧化碳等可燃气体泄漏时，会向室内主机、用户手机、PC发出紧急报警。

3）火警情况：一旦发生火警情况，会向室内主机、用户手机、PC、亲友、消防部门发出紧急报警，向更多人公布警情，增大救援机率，降低损失。

3. 家居监控系统

1）匪警情况：如发生非法闯入等警情时，会向室内主机、用户手机、PC、亲友、公安部门发出紧急报警，寻求多方援助，确保主人人身财产安全。

2）紧急求助：如果家庭内有高危病人出现紧急情况时，可触按紧急按钮，向家人亲友手机、PC、MRC、医院发出紧急救助。

4. 家居环境系统

1）光照调节：室外光照过强时，室内灯光会自动调暗，如果仍然感到光照过强，则窗户窗帘会自动关闭。风雨天气：如果室外雨量过大，风速过快，则门窗会自动关闭，避免室内设备被淋湿或损坏。

2）温度调节：当室内温度过高或过低时，空调会自动打开将温度调节至最佳。

学习单元1
学习单元2
学习单元3
学习单元4
参考文献

3）湿度调节：夏天当室内湿度过高时，空调会自动抽湿；冬天室内湿度过低时，加湿器会自动加湿。

4）空气质量：随时随地调节家中每个区域的温度和环境温、湿度信息检测，时刻侦测空气质量及二氧化碳浓度，当检测到甲醛、苯等有害气体含量过高时，会发出报警，提示用户采取治理措施，让居家随时保持一个良好的环境。

5. 影音娱乐集中控制系统

1）影院场景：灯光自动调至25%亮度，投影器自动降下并打开，DVD开始播放光碟。

2）生日场景：当家人过生日时，开启生日场景，客厅电视会自动关闭，餐厅主灯亮度自动调暗，彩灯亮起，音响响起生日、怀旧歌。

3）工作场景：办公室灯光全亮，音响关闭，电视关闭，空调自动开启，为主人创造一个安静，舒适的工作环境。

6. 背景音乐系统

1）会客场景：当客人光临时，客厅照明灯会全部打开，音响自动播放迎宾曲，彰显主人的礼仪和热情。

2）晚餐场景：窗帘会全部关闭，餐厅灯光亮度自动调为25%，音响播放舒缓音乐，让心情更放松，更富浪漫情调。

7. 远程控制系统

1）远程控制：当主人不在家时，用户可以通过手机、MRC、PC来控制家电。

2）远程监控：主人可以随时随地通过手机、MRC、PC来查看摄像机，监视车库等财富重地，查看保姆、小孩、老人活动动向。

8. 可视对讲系统

用户可以使用MRC实现随时随地与家庭内或亲友的室内主机、MRC之间的可视对讲。

知识补充

智能家居系统行业应用典型案例——Polyhome智能家居系统

Polyhome智能家居系统是由北京博力恒昌科技有限公司推出的。该系统以简单、便捷的用户体验为根本出发点，完美结合智能家居技术和物联网技术。该系统采用Zigbee技术实现网络的自动组建、系统的高可靠性以及系统故障的自动诊断和恢复，配合单火线供电技术实现智能开关直接替换传统的86盒开关，加上便携式、内置网关、超多功能合一的家庭信息多功能主机，使用户轻松拥有一套真正免布线、免调试、易维护以及使用超级简单的智能家居系统。

1. 功能介绍

1）清晨6:30，主人还在熟睡中，卫生间取暖设备、热水器开始工作。

2）7:00设定的"起床情景"启动，主卧室窗帘缓缓打开，室外柔和的阳光射进房中，提醒主人起床时间到了。同时面包机开始准备早餐。当洗漱完毕后，早餐已经为主人准备好……

3）8:00出门上班，按下"离家模式"，系统启动"离家模式"，所有的设备将进入主人预先设置的状态。灯光全部关闭、不需待机的设备断电。安防系统启动门磁、红外人体感应

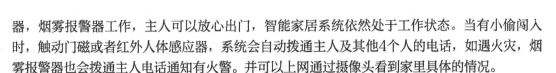

器，烟雾报警器工作，主人可以放心出门，智能家居系统依然处于工作状态。当有小偷闯入时，触动门磁或者红外人体感应器，系统会自动拨通主人及其他4个人的电话，如遇火灾，烟雾报警器也会拨通主人电话通知有火警。并可以上网通过摄像头看到家里具体的情况。

4）在公司上班时，当家里老人身体不舒服或者发生突发事情，按动紧急按钮，家里的电话会自动拨通主人的手机，同时拨通其他设定的4个电话，及时了解家中的情况。

5）晚上6:00下班时，在回家的路上，可以通过手机远程登录智能家居系统，指令空调、热水器开始工作。

6）回到家中，启动"回家情景"，安防撤防，窗帘缓缓闭合，室内灯光调节到最舒适的亮度。此时，电视已经打开了，并且调到主人最喜欢的频道。厨房的电饭煲已经煮出了香喷喷的米饭。

7）吃饭了，按下"就餐模式"，客厅的灯关闭，餐厅的灯调到合适的亮度，让忙碌了一天的主人享受家的温馨。

8）吃完饭，一家人坐在客厅沙发，把主机切换到"android"系统，玩着网上游戏，也可以播放儿童教学动画，启动"影院模式"灯光自动变暗，电视、DVD、音响设备打开，开始欣赏自己喜欢的大片。

9）欣赏完电影，已经22:00点多了，该睡觉了，按下"晚安情景"，灯光关闭，窗帘全部闭合，夜灯亮起，并进入布防模式，门磁、人体红外感应器工作，半夜如果有小偷闯入，那么灯光会全部亮起。把小偷吓跑，保护主人的安全。

10）出差在外，可以通过计算机、手机上网远程登录智能家居系统，通过摄像头查看家里的情况。

2. 结构拓扑图（见图3-94）

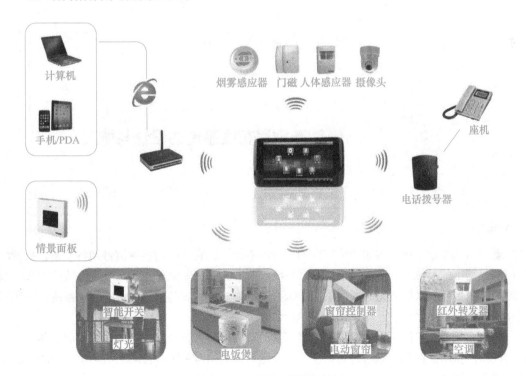

图3-94 智能家居结构拓扑图

3．产品安装图（见图3-95）

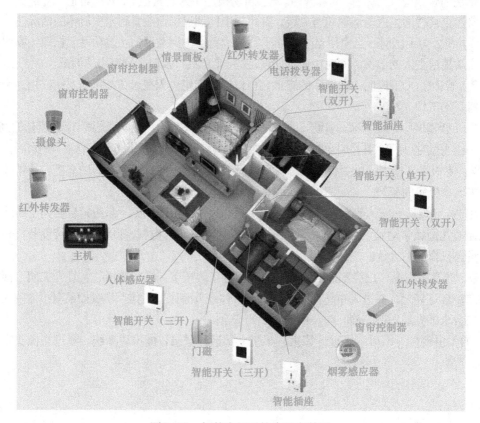

图3-95　智能家居系统产品安装图

任务描述

智能家居布线系统就像家居房间内的"神经系统"，它传递着各种信号到各设备，是智能家居中最基本的系统。许多其他智能家居系统都需要基于智能家居布线系统来完成传输和配线管理，如宽带接入系统、家庭通信系统、家庭局域网、家居安防系统、家庭娱乐系统、家居自动化控制等。

智能家居布线系统不但能给住户提供高速的互联网接入、灵活多样的娱乐及信息共享，还能为住户提供全面便利的家居自动化控制、安全可靠的供电系统、自动消防系统、安防监控系统等必要条件。

智能家居住宅布线系统可为住户提供一个完美的家中工作环境。即插即用地支持多种接入，包括电话、传真、高速数据网络、视频会议系统、互联网接入等。

任务目标

了解智能家居布线系统的基本结构；掌握智能家居布线系统的基本组成与设计要点；掌握智能家居布线系统的施工技术要点。

任务实施

一、智能家居布线系统的结构

智能家居布线系统参照综合布线标准进行设计，但它的结构相对简单，主要参考标准为智能家居布线标准（ANSI EIA/TIA 570A），该标准主要是定出新一代的家居电信布线规范。

在通信结构方面，现代的布线理念基本采用有线的星形拓扑结构和总线型拓扑结构结合的方式进行设计，还有一种电力线通信技术，适用于不方便进行信息布线的情况。另外，就是红外、蓝牙、ZigBee等无线传输方式。

星形拓扑结构强调的是每条线路都是独立的，网络中的每个节点都通过中央节点进行通信，这避免单点故障导致整个系统的瘫痪，如图3-96所示。但是星形拓扑结构也有其缺点，由于中央节点负责处理整个网络中的所有通信，所以它需要高度的可靠性和较强的处理性能。这一方面增加了中央节点的复杂和维护程度，一旦中央节点发生故障，整个网络就会瘫痪，另一方面，可靠性和高性能也提高了设备成本。所以，星形拓扑结构一般在报警、灯控等通信相对简单的系统中使用较少。

图3-96　星形拓扑结构

总线型拓扑结构中所有设备都直接与总线相连，它所采用的介质一般是同轴电缆或成对电缆，网络中所有的数据都需经过串行的总线进行传送。由于各个节点之间通过一根电缆直接连接，所以总线型拓扑结构所需要的缆线长度是最小的。但由于总线的负载能力有限，所以总线的长度和节点的数量也是有限的。另外，由于所有数据都经过总线进行传输，所以总线的故障会引起整个网络的瘫痪。总线型拓扑结构还有一个缺点就是由于采用串行通信，每个节点只能依次进行传输，而随着节点数量的增加，通信的速率会逐渐降低，所以总线型拓扑结构多用于通信速率较低的领域，如报警系统，如图3-97所示。

图3-97　总线式报警系统

学习单元1　学习单元2　学习单元3　学习单元4　参考文献

电力线通信（PLC），也叫电力线载波通信，是电力系统特有的通信方式，它利用现有电力线，通过载波的方式将模拟或数字信号进行传输。最大的特点是不需要重新布设缆线，只要有电线，就能对家用电器及办公设备进行智能控制。电力载波技术应用于数据通信已经有多年的时间了，但由于电力表和变压器等电气设备对其信号有阻隔作用，另外电力线的信号衰减比较严重以及电力线本身的脉冲干扰等缺点，一直以来没有在电力网上大规模使用。随着技术水平的提高以及家居网络的特点，电力线载波技术在智能家居系统领域开始兴起。图3-98所示为电力线适配器。

图3-98　电力线适配器

无线传输技术是一种非常方便快捷的信号传输方式，由于没有通信缆线的限制，无线设备可以随意移动。但由于住宅建筑的结构，住宅中的墙壁就成了无线通信在智能家居系统中大规模使用的最大阻碍，适合于高速通信的高频无线电波穿透性很差，穿透性较强的低频无线电波却不能满足高速通信的需求。另外，无线电干扰问题也一直困扰着无线技术的应用，虽然跳频技术在一定程度上解决了这一问题，但不能根本性地隔绝干扰，还有就是无线设备的供电，现有的电池不足以支持无线前端设备长时间工作，使用电力线供电的设备却失去了无线的优势。

就可靠性而言，有线星形拓扑结构由于节点之间没有干扰而最可靠，其次是总线型拓扑结构，电力线通信由于干扰问题，可靠性较低，无线技术穿透墙壁时信号衰减等问题只能用于一般的娱乐等系统中。

二、智能家居布线系统的组成

智能化家居布线系统主要有以下几个系统：局域网系统、可视对讲系统、有线电视系统、电话系统、家庭影院系统、家庭背景音乐系统、红外转发系统、监控报警系统、家居控制系统等。

1. 局域网系统

现代化的智能住宅，应满足家人上网、信息家电接入网络、远程网络监控等需求。在家里组建小型局域网络，只需申请一根上网宽带线路，每个房间就都能够同时上网。另外，随着家电网络化的趋势，网络影音中心、网络冰箱、网络微波炉、网络视频监控陆续出现，这些设备都可以就近使用网络接口接入网络。

一般局域网是一个星形拓扑结构，任何一个节点或连接电缆发生故障，只会影响一个节点，通过运营商提供的外线接入信息接入箱，在信息接入箱中装上网络配线架，所有插座面板端来的线路打到配线架上，最后通过网络跳线连接到安装在信息接入箱内的交换机或者路由器上，这样所有的应用设备就可以同时上网了。

为现在上网和以后大量面世的网络信息家电预留网络信息接口，需要每间房都至少有两个网络接口：一个可用作网络、一个可用作电话，这是基于网络和电话复用和互相线路备份的要求。在客厅中的电视墙附近建议至少留出2个数据接口，主要是为了IPTV网络电视的应用。

2. 可视对讲系统

可视对讲系统一般归类为小区智能化系统中的一种，但最近随着电子技术的发展，可视对讲室内分机开始体现出多功能的特点。现在应用比较广泛的可视对讲室内分机除了有传统的对讲、监视、呼叫等功能外，还集成了报警功能，住宅中安装的各类报警探测器都可以连接到可视对讲分机上，有的还能与小区值班室联网，当遇到非法入侵或火灾时，可视对讲分机就可以通知小区值班人员采取相应措施。

新一代的可视对讲主机已经不仅局限于上述功能了，它还集成了灯控、环境控制、智能电气控制、影音设备控制、门窗控制等诸多功能，人们称其为智能家居控制终端。由于其功能的多样性，在布线时就要考虑多种线材的混合布设。

3. 有线电视系统

家居生活中可能不只有摆在客厅中的一部电视机，卧室房间中也应有电视机，特别是液晶大屏幕电视大幅降价，部分家庭也需要更新电视，原来的电视就可以移到卧室里。有线电视系统可传输模拟或数字电视信号，将信号送到每一个房间，既能收看模拟电视节目，也能收看数字信号电视节目。

家用的有线电视系统应选用较好的材料，应使用专用双向、高屏蔽、高隔离同轴电缆和面板、分配器、放大器。分配器应选用可达到5～1 000MHz技术指标的优质器件。

电缆应选用对外界干扰信号屏蔽性能好的屏蔽物理发泡同轴电缆，保证每个房间的信号电平。有线电视的布线相对简单，对于普通商品房，只需在家庭信息箱中安装一个一分四的分配器模块就可以将外线接入的有线电视分到客厅和各个房间。

4. 电话系统

虽然现在手机很普及，但是人们总会为了追逐各种优惠的资费套餐而更换电话卡，另外手机丢失也会导致手机号码不固定，而固定电话既廉价又不会丢失，所以新居安装固定电话还是必要的。

如今一拖四、二拖八小型电话程控交换机价格非常便宜，因此家里安装小型电话程控交换机已经成为可能。家里安装小型电话程控交换机后，只需申请一根外线电话线路，让每个房间都能拥有电话。而且既能内部通话，又能拨接外线，外电进来时巡回震铃，直到有人接听。如果不是你的电话，你可以在电话机上按房间号码，转到另外一个房间。小型电话程控交换机在别墅或者复式房屋还可以当作呼叫器来使用。

当然还有普通的只用信息接入箱配套的电话语音模块面板，但是这种面板只能共享接入电话外线，电话进来时，所有电话都会响铃，一房通话，别房可监听，没有通话保密功能。

5. 家庭影院系统

家庭影院系统布线主要包括投影机的视频线，如VGA、色差线、DVI、HDMI和音箱线。既然是顶级的家庭影院系统，这些缆线必须是没有接续的，也就是一条线走到底，接头和线都是原厂制作，因此与其他布线系统相对独立，一般只在客厅或书房中布线。在设计时要精确计算走线的长度以便购买合适长度的缆线，保证足够拉到位，并在影音设备中心处有足够的余量。

6. 家庭背景音乐系统

背景音乐渐渐成为现代家装的新宠，当人们在家中做家务时，当人们随意小憩时，一定想想能像宾馆里那样随处听到美妙、轻柔的背景音乐。要家里各个角落弥漫起曼妙轻柔的背景音乐，这就需要在各房间、卫生间、厨房、阳台等地方通过智能家居布线系统将音频线接到各个角落。普通的家庭背景音乐系统采用集中控制方式，可将音源直接输入可分区控制功放，可分区控制功放是这个系统的核心。通过功放的音频输入选择切换开关，可以从多路音源中选择一路节目，各个房间只能收听同样的节目。这个系统最重要的特点是可以通过可分区控制功放分别独立地控制各个房间的节目播出，需要的房间就播放，不需要的房间可以关闭。这个系统的结构简单、施工不复杂、经济实用。

家庭背景音乐系统也是一个独立的布线系统，可以将来自各个房间的扬声器的音箱线集中接到位于客厅影音中心的墙壁上的音箱接线面板，可分区控制功放器再依次接音箱接线面板即可形成家庭背景音乐系统。

7. 红外转发系统

红外转发系统由位于各房间的红外接收器和位于客厅的红外发射器组成。红外接收器接收来自各种设备的遥控器的信号，变成电信号传到红外发射器，红外发射器将电信号转为与原遥控器相同的红外信号，发射给设备实现控制。

红外转发系统的布线是诸多系统的配套工程，通过它，用户可以在卧室或书房等房间内对客厅等处的设备如影碟机、功放、卫星接收机、数字电视机顶盒、空调等进行自如地遥控。因此，通过布线系统和红外转发系统遥控装置，就可充分享受到家庭信息化和视听设备多点共享所带来的方便和舒适。

红外转发系统的布线可以不经过信息接入箱，因为各个房间的红外接收器的信号线可以并联接在一起，再通过一组信号线接到红外发射器。房间中的红外接收器安装要点是：与房间中的设备在同一面墙上。客厅中的红外发射器的安装要点是：安装在客厅中的设备的对面墙上。因为整个系统只给发射器供电，所以应给它安一个供电开关，以便不用时关掉系统。

8. 监控报警系统

家庭住宅报警系统由家庭智能报警主机和各种前端探测器组成。前端探测器可分为门磁、窗磁、煤气探测器、烟感探测器、红外探头、紧急按钮等。当有人非法入侵时将会触发相应的探测器，家庭报警主机会立即将报警信号传送至小区管理中心或用户指定的电话上，以便保安人员迅速出警；同时小区管理中心的报警主机将会记录下这些信息，以备查阅。

家庭住宅报警系统可以是综合布线的一部分，计算机报警主机可以安装在信息接入箱的外墙旁边。各个前端探测器通过综合布线汇接到信息接入箱里的安防报警抄表信号采集模块，再从模块上接入计算机报警主机。

9. 家居控制系统

家居控制系统一般由家庭网关和智能家居控制终端组成。

家庭网关是所有外部接入网连接到家庭内部，同时将家庭内部网络连接到外部的一种物理接口，并且使住宅用户可以获得各种包括现有的和未来可能出现的家庭服务的平台。可以看出，家庭网关实现了家庭内部信息与家庭外部信息的交换。

而智能家居控制终端的功能除了作为小区可视对讲系统外，还能将探测器采集到的信息进行处理并输出，以达到智能化控制的功能。早期的智能控制终端多用单片机构建，但随着住宅智能化的不断提高，越来越多的智能家居控制终端开始采用类似计算机的架构，它就像一台小型化的计算机，具有触摸显示屏和操作系统，可以图形化显示住宅中各个系统的运行状态，并可以对其进行控制。

三、智能家居布线系统工程技术

根据家居综合布线的设计原则，智能家居布线系统可以分为既相互独立又相互关联的三个子系统，即管理子系统、水平子系统和工作区子系统。

1. 管理子系统

智能家居布线管理子系统是家庭信息集中点，其核心是智能家庭信息接入箱。图3-99所示为家庭信息接入箱及其系统示意图。

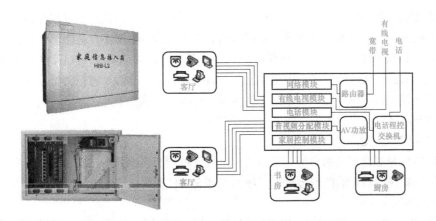

图3-99　家庭信息接入箱及其智能家居系统示意图

智能家庭信息接入箱是统一管理居室内的电话、传真、计算机、电视机、影碟机、音响、安防监控设备和其他网络信息家电的家庭信息平台，实现各类弱电信息布线在户内的汇集、分配，并方便集中管理各类用户终端适配器。它可以使家里的各种电器、通信设备、安防报警、智能控制等设备功能更强大，使用更方便，维护更快捷，扩展更容易。

2. 水平子系统

水平子系统由智能家庭信息接入箱和到各工作区信息插座的缆线组成。一般采用星形拓扑结构，缆线布放在预埋线管中，并应注意强弱电布线间隔，在间隔无法满足的情况下应选用屏蔽缆线或金属管进行屏蔽。

水平缆线一旦布设完毕，以后将很难更改或替换，所以在线材选用上应当尽量选用优质产品。还应该考虑以后的升级扩展，语音通信尽量使用超5类缆线，数据通信尽量考虑使用6类缆线等。

另外，要遵循按需布线的原则，无论是网络共享、电视电话，还是音视频共享、背景音乐、安防报警信号等功能，都应根据需要来布设，切忌盲目杂乱布线。

3. 工作区子系统

由安装在房间内的信息插座以及连接插座和终端设备的连线组成。

智能住宅内的信息插座应保证有足够数量，以便将来扩展功能和添加设备。不论房间大小，都应设置至少一个信息插座，当房间长度大于3.7m时应适当增加信息插座数量，安装位置应符合标准要求。

固定安装的终端设备连接，一般采用总线型拓扑结构，这和数据信息点的结构有较大差别。例如，烟雾探测器一般安装在屋顶并且位置固定，这时使用总线型拓扑结构的报警信号就可以使用一根信号缆线经过屋顶安装铺设的线管进行布设。

四、智能家居布线系统的工程施工

智能家居布线系统工程是一个高度复杂的布线系统工程，它集合了从强电到弱电、从数字到模拟、从家庭娱乐到安防监控等过程。其工程施工的要求比网络综合布线及强电系统施工要高很多，不规范的施工容易造成智能家居系统的功能缺失，对系统设备也容易造成损坏。

1. 智能家居布线系统工程施工方法

（1）工程前期准备

首先需要做的就是画一个居室的平面图，然后将所有计划好的信息点标识在图上，并规划好家居信息接入箱的位置和安装方式。之后将需要连通的线画到图中，并粗略计算出各种缆线的长度，列出材料清单。然后根据材料清单购买材料，材料的购买以PVC管材和各种线材为主，应从正规渠道购买优质缆线，以避免后患。将所有购买来的线材进行分类，在线材的两端贴上相应的标签，将需要走在一个路线上的线材进行整理，这样就得到了多组有不同类型的缆线组成的线捆。这样一来后面的布线施工就非常容易了。

（2）工程施工开始

首先确定信息底盒以及信息接入箱的安装位置，规划好线管路由，然后再进行施工安装。某些设备如报警探测器和监控摄像机等，在确定其安装位置时还应检查房屋墙面和以后的家具是否会影响其正常运行。

穿线前应检查线材的连通状况，确保布设好的线材没有损坏，否则布设完成后发现缆线不通，就会造成很大麻烦。另外，布线时应确保"活线"，也就是可以通过面板或接线盒直接将线拉出来。

在墙上、地上打孔凿槽时应注意做好防护措施，以免危害到人员安全。这里要提醒大家，卫生间里的信息插座不要设置在门口，最好靠近马桶并做好防水措施，不然就失去了在厕所安装信息插座的意义了。

布线工程完成后，就可以进行各种信息插座的连接了。不同缆线的信息插座其端接方法不同，在安装时应注意正确规范施工。

（3）施工完成后的检测

控制信号缆线和音视频信号缆线的检测一般采用测量通断和阻抗的方法，在大型工程施工时还应根据国际国内标准对其各种指标进行测试，以保证系统的正常和优质。对于数据通信缆线，如网线、同轴电缆，必须根据相应的信息布线验收规范等标准进行测试。不合格的线路，应重新布设。

2. 智能家居布线系统设备安装

（1）家庭信息接入箱的安装

家庭信息接入箱有两种安装方法，一般功能较少的智能家居所使用的信息接入箱体积较小，可在客厅或书房线路集中且易于维护的地方入墙式安装。另一种方法就是在缆线集中点附近的壁柜里或储藏间里直接安装，这种安装方法适合功能模块较多，信息接入箱较大的情况。

确定好信息箱安装位置后在墙体上安装时应注意，箱体埋入墙体时其面板露出墙面约1cm，方便以后抹灰。两侧的出线孔不要填埋，当所有布线完成并测试后，才用石灰砂封平。

（2）线管的铺设

线管一般铺设在地板下，新建毛坯房在楼板中预埋线管。部分缆线可能需要在墙面安装，此时也需要在墙面开槽布管，有吊顶的房间在屋顶安装线管时可直接将线管固定在屋顶墙面，若不做吊顶，则也应开槽布管。

在墙面或地面开槽时应了解墙体结构是否适合开槽，不可强行在墙面施工而破坏建筑结构，施工时首先应确定开槽的宽度和深度，宽度能放进线管就可以了，深度要比线管直径多大约1cm，以方便水泥封槽，然后规划好挖槽走向，确认所经过墙体内没有其他缆线，并且与强电缆线之间有足够间隔。一般强、弱电之间不能平行走线，尽量避免交叉走线。

（3）信息底盒的安装

信息底盒安装距离地面高度不应小于30cm，位置应考虑方便附近设备使用。在智能住宅的每一个房间都应安装至少一个信息底盒，包括卫生间和厨房，若房间长或宽大于3.7m，应适当增加信息底盒数量。

（4）缆线的布设

一般从信息接入箱到信息底盒使用一根完整的缆线，中间不应有续接点。拉线时应注意缆线不能与出线管口形成90°角，这样会破坏缆线护套和内部结构，影响传输性能。穿好的缆线应预留一定长度在信息接入箱和信息底盒内。

（5）缆线的端接

智能家居布线中的缆线端接主要有以下几种：双绞线与信息模块的端接，同轴电缆与模块的端接、音视频线与模块的端接、控制线与接线端子的端接等。

任务3　可视对讲系统设备的安装与调试

任务描述

可视对讲系统是智能家居系统中的一个重要组成部分，是一套现代化的小区住宅服务措施，提供访客与住户之间双向可视通话，达到图像、语音双重识别从而增加安全可靠性，同时节省大量的时间，提高了工作效率。更重要的是，一旦住户家内所安装的门磁开关、红外报警探测器、烟雾探测器、瓦斯报警器等设备连接到可视对讲系统的保全型室内机上以后，可视对讲系统就升级为一个安全技术防范网络，它可以与住宅小区物业管理中心或小区警卫有线或无线通信，从而起到防盗、防灾、防煤气泄漏等安全保护作用，为屋主的生命财产安全提供最大程度的保障。它可提高住宅的整体管理和服务水平，创造安全社区居住环境，因此逐步成为小康住宅不可缺少的配套设备。

任务目标

完成对可视对讲系统设备的安装，并对可视对讲系统设备进行调试和检测，掌握可视对讲系统设备的基本使用方法，从而体验智能家居布线工程的实际施工过程。

任务实施

一、设备、材料和工具的准备

采用上海"企想"可视对讲系统实训装置 1套；上海"企想"智能化系统安装实训装置1套；上海"企想"可视对讲材料包1套；上海"企想"智能化系统工具箱1套。

二、可视对讲系统设备的安装

1. 仿真防盗门的安装方法

1）拆除设备柜内仿真防盗门的接线，打开门扇并向上小心提出两块门扇。

2）拆除门框上的M6螺钉，卸下门框，将门框安装在安装实训装置相应位置。仿真防盗门模拟的是单元门口，安装时靠外安装。

学习单元1　学习单元2　学习单元3　学习单元4　参考文献

3）将门扇安装回门框内。

2. 电控锁的安装方法

1）打开控制盒，经控制盒将接线引出到防盗门端子1上。

2）将磁力锁引线连接到防盗门端子1上。

3. UPS的安装方法

1）从设备柜内拆下UPS电源，安装在安装实训装置适当位置。一般UPS电源安装在防盗门内侧。

2）制作电源线连接UPS电源输出端子到防盗门端子1。

4. 可视对讲主机的安装方法

1）使用内六角螺钉将可视对讲主机安装在防盗门主机安装孔上，如图3-100所示。

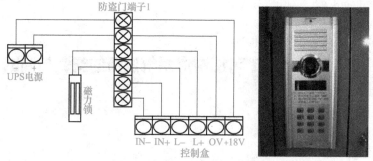

图3-100　电控锁接线图及室外主机

2）分别用6芯和4芯SM插头线连接可视对讲主机到防盗门端子1和端子2。线路图如图3-101所示。

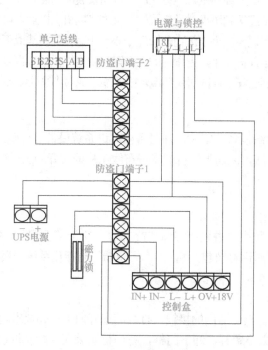

图3-101　可视对讲主机接线图

5. 室内分机的安装方法

1）向上抬出并取下室内分机，拆下室内分机安装板，并将其安装在安装实训装置相应位置，挂上室内分机。为了模拟不同楼层的住户，自上到下一次安装，如图3-102所示。

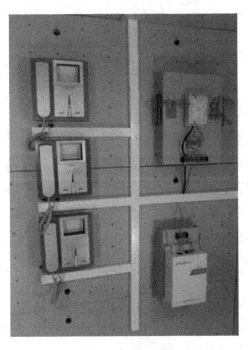

图3-102　室内分机和层间分配器

2）制作6芯SM插头线连接室内分机到层间分配器输出端子。连线如图3-103所示。

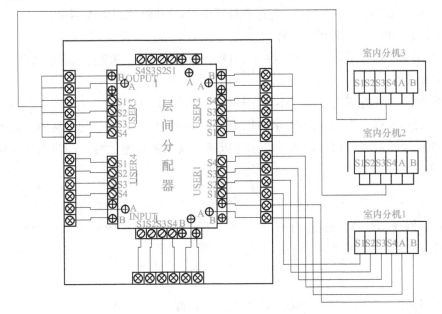

图3-103　层间分配器到室内分机接线

三、可视对讲系统的调试

1. 室内分机号码设置方法

1）接通电源，在门口机上按"2#2110999#"，门口机将显示"CCFF"。

2）提起室内机话筒或按"通话"键听到拨号音后，按"中心"键，门口机将显示4个小数点。

3）在门口机上输入"室内机号+#"，室内机将听到"吡吡"提示音，20s内再按室内机"中心"键挂机。

2. 用户密码开锁设置方法

设置时首先由门岗管理员许可授权后由住户自行设置住户开锁密码，许可操作后，住户密码功能才能有效。许可操作方法是：在门口主机键盘上按"5+#+室内分机号+#+六位门岗密码+#"。装置初始门岗密码是：123456。

3. 住户开锁密码设置与修改方法

1）提起室内机话筒或按住"通话"键时，门口机按"6#+室内机号+#+六位住户密码+#"，室内机上听到"吡吡"提示音，20s内按室内机"开锁"键或"中心"键确认。

2）在门口机上按"7#+室内机号+#+旧六位住户密码+#+新六位住户密码+#"可修改开锁密码。初始密码为999999，管理员许可密码开锁操作后，住户务必立即修改初始开锁密码，以确保安全。

4. 门口机呼叫室内机方法

1）待机时在门口机键盘上按"室内机号码+#"，可呼叫住户，室内机响铃，室内机屏幕同时点亮，显示单元门口来访者画面。

2）住户确认安全后可直接按室内机"开锁"键开锁，请来访者进入，也可以提起话筒进行通话问询后再开锁。

遇到非法人员时可直接按"中心"键转移该呼叫，由小区物业管理中心值班人员处理；当遇到不受欢迎来访者的门口呼叫时可直接按"监视"键，此时室内只显示门口图像，室内机停止响铃，但门口机继续响铃以迷惑来访的不速之客。门口机输入错误，按"*"键取消。

5. 住户密码开锁方法

在门口机按"8#+室内机号码+#+六位住户开锁密码+#"可进行住户密码开锁。此功能需要在开通住户密码开锁功能后才有效。

6. 室内机监控单元门口设置方法

按下室内机"监视"键，可以监视门口机图像，提起话筒可听到门口机的声音。挂机退出监视状态。室内机监视状态下，遇有外来呼叫，自动退出监视。

项目5　智能监控系统的布线施工

项目描述

随着网络技术的发展，智能监控系统已经成为网络技术的典型应用案例，特别是近年来互联网和物联网的迅速发展，实现了远程监控人与物，远程控制摄像机，画面自动报警，车牌号码自动识别等。智能监控系统迎来了巨大的发展机遇，物联网必将对智能监控系统产生更加深刻的影响，包括其理念、技术、形态和效果，视频监控的智能化给计算机图像和视觉技术在公共安全领域中的应用提供了广阔的前景，也是物联网应用的必然要求。

项目目标

通过本项目的学习，掌握智能监控系统的基本概念；掌握智能监控系统的设计规范与施工技术要点；重点掌握智能监控系统的安装与调试技术。

任务1　认识智能监控系统

任务描述

智能监控系统是物联网技术发展与应用的一个重要领域，其技术已趋成熟，是安防进入民用化领域的一套智能系统，该系统集成了手机监控与手机防盗报警两大系统，当有非法人员闯入禁区防区时，系统主机会第一时间给指定用户拨打电话并发送短信或E-mail。用户收到电话短信时可以第一时间用手机或者计算机查看监控区域的画面。消除了传统监控系统"马后炮"及传统报警系统误报出警的顾虑。该系统集成了无线门磁、无线烟感等无线报警配件信息，有效地提高了监控系统民用化的特性。

任务目标

通过了解智能监控系统的概念、组成及基本工作原理，为后续的智能监控系统的布线设计与设备安装打下基础。

学
习
单
元
1

学
习
单
元
2

学
习
单
元
3

学
习
单
元
4

参
考
文
献

任务实施

一、智能监控系统的概念

智能监控系统是指通过对监视区进行视频监控、联动控制、记录和回放视频信息的系统或网络。主要用于辅助安保人员对办公大厦、住宅小区、公共场所等现场实况进行实时监视。也可以通过监控系统的外围设备进行联动控制，例如，门禁、报警系统等都可以直接由智能监控系统控制台控制。

智能监控系统作为物联网的一个重要组成部分，是目前智能大厦和智能小区必备的系统。在我国国家标准《居住区数字系统评价标准》（CJ/T 376—2011）、《安全防范工程技术规范》（GB 50348—2004）和《智能建筑设计标准》（GB/T 100314—2000）中都明确规定安全防范系统应配备智能监控系统。

当前，智能监控系统已实现全数字化模式。全数字化的网络监控系统的前端摄像机集成有Web接口，可以将采集的视频信号上传到网络视频服务器上，网络用户可以通过浏览器观看网络服务器上的摄像机图像，还可以控制摄像机、云台、镜头的动作，对系统进行设置。其特点是：监控系统可以直接接入网络，布线安全方便；信息处理灵活，可听、可控、可交流，让监控也成为一种享受；分散监控、集中管理、组网灵活，适合大区域大规模监控，如图3-104所示。

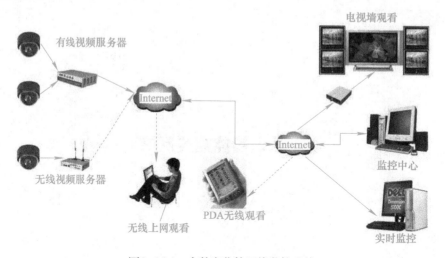

图3-104 全数字化的网络监控系统

二、智能监控系统的组成

智能监控系统一般由前端图像采集部分、信号传输部分、后端控制、显示和记录部分组成，如图3-105所示。

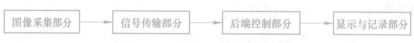

图3-105 智能监控系统逻辑结构图

1. 图像采集部分

图像采集由前端的摄像机部分来完成，摄像部分主要由摄像机、镜头、防护罩、安装支架和云台等组成。它负责摄取现场景物并将其转换为电信号，经系统的信号传输部分传送到控制中心，通过解调、放大后将电信号转换成图像信号，送到监视器上显示出来。

2. 信号传输部分

传输的信号包括图像信号和控制信号。图像信号是从前端的摄像机流向控制中心；而控制信号则是从控制中心流向前端的摄像机、云台等受控对象。流向前端的控制信号，一般是通过设置在前端的解码器解码后再去控制摄像机和云台的。图像信号的传输部分要保证图像信号在经过传输系统后，不产生明显的噪声以及失真，图像信号的清晰度和灰度等级没有明显下降。常见的信号传输方式有视频基带传输方式、光缆传输方式、网络传输方式、微波传输方式、双绞线传输方式和宽频共缆传输方式。

3. 后端信号控制部分

信号控制部分是整个智能监控系统的控制中心，主要包括视频矩阵切换主机、视频分配器、视频放大器、视频切换器、多画面分割器、控制键盘及控制台等。

控制部分的作用主要是进行视频信号的放大与分配，图像信号的处理与补偿，图像信号的切换和云台、镜头等的控制。

4. 显示和记录部分

视频显示部分一般由几台或多台监视器组成，它的功能主要是将前端摄像机所监控的图像一一显示出来。监视器按功能的不同可分为图像监视器和电视监视器。

图像监视器与普通电视接收机类似，不同的是图像监视器无高频调谐、中频放大、检波、音频放大等电路，使视频通道带宽提高到8MHz以上，并设有钳位电路以恢复背景亮度的缓慢变化，监视器通常用金属做外壳，以增强抗干扰能力。

电视监视器兼有图像监视器和电视接收机的功能。它在普通电视接收机的基础上增加了音频和视频输入/输出接口，其性能与普通的电视接收机相当。

视频记录部分主要由硬盘录像机组成。硬盘录像机是将视频图像以数字方式记录保存在硬盘存储器中，故也称为数字视频录像机或数字录像机。硬盘录像机用计算机取代了原来模拟监控系统的视频矩阵切换/控制器、画面处理器、长时间录像机等多种设备。

三、智能监控系统的工作原理

智能监控系统通过CCD（电荷耦合器Charge Coupled Device）成像，由光纤进行视频信号的传输。主要涉及图像的采集、信号的传输、系统的控制等技术。是一门多专业结合综合性系统。

传输部分就是系统的图像信号通路。同时，由于需要由控制中心通过控制台对摄像机、镜头、云台等进行控制，因而在传输系统中还包含有控制信号的传输。

控制与记录部分负责对摄像机及其辅助部件如镜头、云台的控制，并对图像、声音等信号进行记录。

显示及控制部分一般由单台或多台监视器组成。在摄像机数量不是很多时，一般直接将监视器接在硬盘录像机上即可；在大型或复杂监控系统中一般采用矩阵主机、操作控制台及电视墙组成监控控制室。

图3-106所示为智能监控系统原理图。

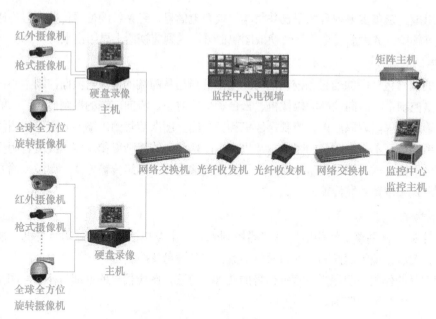

图3-106　智能监控系统原理图

任务2　智能监控系统的设计与施工

任务描述

根据《安全防范工程技术规范》（GB 50348—2004）和《综合布线系统工程设计规范》（GB 50311—2007）的标准定义：综合布线系统就是用数据和通信电缆、光缆、各种软电缆及有关连接硬件构成的通用布线系统，是能支持语音、数据、影像和其他控制信息技术的标准应用系统。

智能监控系统的布线系统，作为整个智能建筑布线系统的重要组成部分，是整个智能监控系统的连接纽带，也是保障整个系统能正常运行的关键所在。

任务目标

了解智能监控布线系统的设计规范；掌握智能监控设备的选型与基本安装方法。

任务实施

一、智能监控布线系统的设计

1. 设计依据

1）《居住区数字系统评价标准》（CJ/T 376—2011）。

2）《安全防范工程技术规范》（GB 50348—2004）。

3）《智能建筑设计标准》（GB/T 100314—2000）。

4）《综合布线系统工程设计规范》（GB 50311—2007）。

5）《民用闭路电视监视系统工程技术规范》（GB 50198—94）。

6）《民用建筑电气设计规范》（JGJ/T 16—92）。

7）《电器装置安装工程施工及验收规范》（GBJ 231—82）。

8）《工业电视系统工程设计规范》（GB 3115—87）。

2. 智能监控布线系统的功能设计要求

根据《安全防范工程技术规范》（GB 50348—2004）规定，视频安防监控系统设计应符合以下要求：

1）应根据各类建筑物安全防范管理的需要，对建筑物内（外）的主要公共活动场所、通道、电梯及重要部位和场所等进行视频探测、图像实时监视和有效记录、回放。对高风险的防护对象，显示、记录、回放的图像质量及信息保存时间应满足管理要求。

2）系统的画面显示应能任意编程，能自动或手动切换，画面上应有摄像机的编号、部位、地址和时间、日期显示。

3）系统应能独立运行。应能与入侵报警系统、出入口控制系统等联动。当与报警系统联动时，能自动对报警现场进行图像复核，能将现场图像自动切换到指定的监示器上显示并自动录像。

视频监控系统在实际应用中常见的有以下四种组合状态，可以根据以下原则选择合适的应用系统：

1）连续监视一个固定目标时，宜选用摄像机、传输缆线、监视器组合。

2）集中监视多个分散目标时，宜选用摄像机、传输缆线、切换控制器或画面分割器、监视器组合。

3）多处监视同一个固定目标时，宜选用摄像机、传输缆线、视频分配器、监视器组合。

4）需要多处监视多个目标时，宜选用摄像机、传输缆线、视频分配器、切换控制器或画面分割器、视频服务器、监视器组合。

3. 智能监控系统的布线设计要求

《安全防范工程技术规范》（GB 50348—2004）规定：

1）同轴电缆宜采取穿管暗敷或线槽的敷设方式。当线路附近有强电磁场干扰时，电缆应在金属管内穿过，并埋入地下。当必须架空敷设时，应采取防干扰措施。

2）路由应短捷、安全可靠，施工维护方便。

3）应避开恶劣环境条件或易使管道损伤的地段。

4）与其他管道等障碍物不宜交叉跨越。

摄像机视频信号传输缆线一般采用75Ω系列的细同轴电缆，但是不同线径的同轴电缆对视频信号的衰减程度也不一样，缆线越粗则衰减越小，越适合长距离的传播。选择缆线如下：

摄像机到子监控中心距离≤300m时，可选用SYV-75-3。

摄像机到子监控中心距离≤500m时，可选用SYV-75-5。

摄像机到子监控中心距离≤800m时，可选用SYV-75-7或SYV-75-9。

摄像机到子监控中心距离≤1 000m时，可选用SYV-75-12。

闭路监控系统中的电源线采用单独布线，在监控室设置总开关，通过UPS电源，以对整个监控系统直接控制。一般情况下，电源线按交流220V布线，在摄像机端再经适配器转换成直流12V。有的摄像机是用5V或12V、24V的直流电，供电方式不一样。

垂直干线、楼宇之间选用光缆。多模光缆用于子监控到分监控中心，单模光缆用于分监控中心到总监控中心。工作区到管理间选用4对/8芯超5类屏蔽双绞线。

二、智能监控系统的设备分类与选型

1. 摄像机

（1）安防监控摄像机

安防监控摄像机按照不同的分类方法可以分为多种。

按照成像色彩分为：彩色摄像机、黑白摄像机。

按照外观分为：枪式摄像机、针孔摄像机、半球形摄像机、有机板型摄像机等。

按照灵敏度分为：普通型摄像机（工作照度1~3lx）、月光型摄像机（工作照度0.1lx左右）、星光型摄像机（照度0.01lx以下）。

按照功能可以分为：一体化摄像机、红外摄像机、高速球摄像机、网络摄像机等。

（2）网络摄像机

网络摄像机是传统摄像机与网络视频技术相结合的新一代产品。一般由镜头、图像传感器、A/D转换器、视频编码器、控制器及存储器、网络视频服务器、外部报警的控制接口等部分组成。

摄像机传送来的视频信号数字化后由高效压缩芯片压缩，通过网络总线传送到Web服务器。网络上用户可以直接用浏览器观看Web服务器上的摄像机图像，授权用户还可以控制摄像机云台镜头的动作或对系统配置进行操作。

（3）摄像机的选型

面对市场上种类繁多的摄像机，在工程应用中，应该根据实际情况选择合适的摄像机，以下为几条参考原则：

1）根据安装地点选择。室外加防雨罩，室内加防尘罩；普通枪式配置镜头、支架，可壁装也可以吊顶安装。

2）根据环境光线选择。监视图像清晰度要求较高时，宜选用黑白摄像机，监视目标的照度变化范围大或必须逆光摄像时，宜用具有自动电子快门的摄像机。

3）根据监控模式选择。定点监控模式多选用普通枪式摄像机或半球形摄像机。

4）根据图像清晰度要求选择。对视频图像分辨率较高的场合，选用水平分辨率指标较高、像素数大的摄像机。

2. 镜头

镜头直接影响着监控系统视频信号的优劣，按照不同的分类方式有着多种不同的类型。

1）按镜头安装方式，CCD摄像机的镜头安装方式有C型和CS型两种。C型镜头可以安装在具有CS型接口的摄像机上，而CS型镜头不可以安装在C型接口的摄像机上。

2）以镜头光圈调节方式分：固定光圈镜头，手动光圈镜头和自动光圈镜头三种。

3）按镜头视场角大小分：广角、远摄、标准和可变焦点镜头。广角镜头视场角大于50°小于90°，标准镜头视场角30°左右，远摄镜头视场角在20°以内。

3. 云台

云台是承载摄像机并可进行水平和垂直两个方向转动的装置。云台按不同分类标准可以分为普通云台和球形云台；室内型和室外型云台；侧装型云台和吊装型云台；手动云台和自动云台等。

全方位云台也称球形云台，它是将云台系统、通信系统、支架安装系统和护罩相结合的产品，由于其外形为全球形或半球形而得名。

全方位云台分全球形云台和半球形云台两种，而在此基础上又分为恒速球和高速球。全方位云台与一体化摄像机组合成为球形摄像机，这种摄像机可以通过控制键盘调整焦距的远近，得到所需的全景或近景视图，这是固定安装的摄像机所无法达到的。

4. 监控主机

第一代智能监控系统使用的是盒式磁带录像机（VCR）。

第二代视频监控技术使用的是硬盘录像机（DVR）。

第三代智能监控系统为全数字化的网络智能监控系统，使用的是网络视频服务器（Digital Video Server，DVS）。

摄像机提供以太网络接口并接入以太网，直接生成MPEG4或JPEG格式的视频或图像文件，DVS利用软件采集这些文件并利用SCSI、RAID以及磁带备份存储技术永久保护监视图像。可供任何经授权客户机从网络中任何位置访问、监视、记录并打印，还可以远程利用网络用视频监控软件实现对系统的监控和控制功能。

5. 控制台与电视墙

视频监控系统的中心设备主要有视频画面处理器、监视器、录像机、系统主机、控制台以及其他视频处理设备。对前端传送的视频信号进行分割、处理、记录和控制，完成监视、控制、记录等功能。

电视墙是由多个监视器单元拼接而成的一种超大屏幕显示墙体，是一种影像、图文显示系统。可以看作是一台可以显示来自计算机、监控摄像机等设备的视频信号的巨型显示屏。电视墙的图像可以独立显示，也可以进行拼接显示以达到不同的显示效果。一般电视墙应配合控制台一起使用。

三、智能监控系统的设备安装

1. 安装前的准备工作

1）所选用设备安装前一定要进行功能、性能、可靠性检测。

2）所用线材（包括网线、电源线、信号控制线）必须选用经国家检测的优质线材，确保监控效果。

3）各监控点至监控中心的网线一定要测量准确，按测定数量定做网线及控制线，中间不能有接口，保证监控信号传输的质量及减少以后线路维修工作。

2. 监控系统的设备安装要求

1）摄像机、镜头及其他配套设备的安装应符合产品说明书要求。

2）摄像机的安装必须牢固，应装在不易震动、人们难以接近的场所，在满足监视目标视场范围内，其安装高度为：室内离地不宜低于2.5m，室外离地不宜低于3.5m。

3）在强电磁干扰的环境下，监控摄像机应与地绝缘隔离。

4）信号线与电源线应分别引入，外露部分用软管保护，并不能影响云台的转动。

任务3　智能监控系统的安装与调试

任务描述

在仿真智能监控系统实训设备上完成智能监控系统的设备安装与调试。

任务目标

掌握云台及摄像机的设置方法，学会智能监控系统的基本设置和操作。

任务实施

一、智能监控系统设备、材料及工具准备

采用上海"企想"视频监控系统实训装置1套；上海"企想"智能化系统安装实训装置1套；上海"企想"智能管理系统电视墙1套；上海"企想"智能管理系统控制台1套；上海"企想"视频监控系统材料包1套；上海"企想"控制台材料包1套；上海"企想"智能化系统工具箱1个。

二、智能监控系统设备的安装与调试

1. 智能监控系统的搭建

根据各设备的安装说明书，按照该系统接线图完成监控系统的搭建，并完成各设备之间的连接线，如图3-107所示。

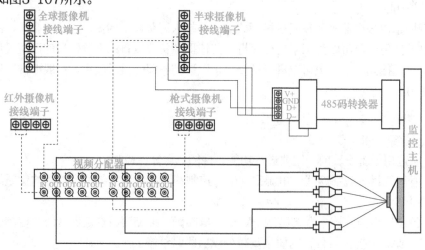

图3-107　智能监控系统接线图

2. 云台及摄像机控制设置

每个解码板（摄像机）应具有不同的编码地址（编号），摄像机安装和线路连接完毕后在云台解码板上设置摄像机地址编码、通信协议编码和波特率。

云台解码板上有两组拨码开关，分别为K1、K2，其中K1为地址码开关，由8位组成；K2由6位组成，1～4位为协议拨码开关，5～6位为波特率设置开关。

3. 软件登录和初始设置

打开监控管理软件，单击"用户登录"按钮，初始用户名为abc，密码为123。

单击监控软件下面的"系统设置"按钮进入设置界面，在"请选择通道"文本框中选择视频通道，选择"云台控制"选项卡进入控制设置界面，根据相对应云台的设置在"地址码"文本框中选择地址码，在"协议"下拉列表框中选择通信协议，在"端口号"下拉列表框中选择485码转换器所使用的串口号，在"波特率"下拉列表框中选择协议相对应的波特率，若是变速云台，则可以在"速度"文本框中选择云台旋转速度。所有选项必须和解码板上的拨码一致。检查无误后确定。本实训装置默认的协议为PELCO-D，波特率为2 400，端口号为COM1。在"系统配置"对话框中还可以选择是否互换左右控制、上下控制、光圈变倍等，如图3-108所示。

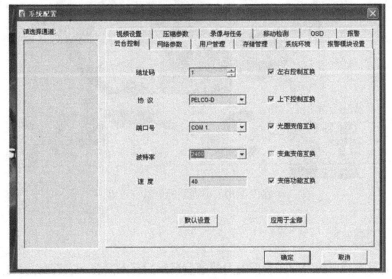

图3-108 "系统配置"对话框

设置完毕后，在主界面可以看到已经连接的摄像机监控画面。

项目6　电力线通信系统的布线施工

项目描述

电力通信网是为了保证电力系统的安全稳定运行应运而生的。它同电力系统的安全稳定控制系统、调度自动化系统被人们合称为电力系统安全稳定运行的三大支柱。它更是电网调度自动化、网络运营市场化和管理现代化的基础；是确保电网安全、稳定、经济运行的重要手段；是电力系统的重要基础设施。由于电力通信网对通信的可靠性、保护控制信息传送的快速性和准确性具有极严格的要求，并且电力部门拥有发展通信的特殊资源优势，所以，世界上大多数国家的电力公司都以自建为主的方式建立了电力系统专用通信网。

电力线通信系统由于其可靠的性能，为物联网技术应用提出了一种新的设计思路。目前已广泛应用于物联网医疗卫生、现场监控、智能交通和智能家居领域。图3-109所示为电力线通信在智能交通中的应用方案。

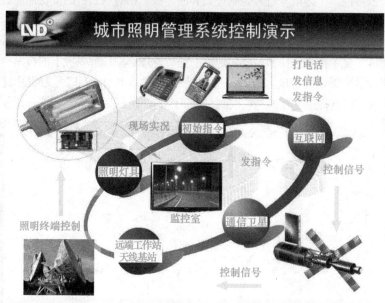

图3-109 电力线通信系统应用

项目目标

通过本项目的学习，掌握电力线通信系统的基本概念；掌握电力级通信系统工程布线的设计与施工要点；重点掌握电力线缆线的端接技术。

任务1 认识电力线通信系统

任务描述

物联网技术的发展，给电力线通信系统带来了新的内涵。电力线通信系统，将突破低带宽、低速率的技术瓶颈，向大容量、高速率方向发展，技术发展方向为利用低压配电网进行载波通信，实现家庭用户利用电力线打电话、上网等多种业务，正逐步实现以电力线为媒介的数字化家庭网络。

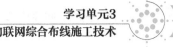

任务目标

通过学习,掌握电力线通信系统的基本概念和特点,熟悉电力线通信系统的标准、接入网的体系结构和接入方案。

任务实施

一、电力线通信系统的概念

电力线通信(Power Line Communication,PLC)技术是指利用电力线传输数据和媒体信号的一种通信方式。该技术是把载有信息的高频加载于电流然后用电线传输,接受信息的适配器再把高频从电流中分离出来并传送到计算机或电话机以实现信息传递。

电力线通信全称是电力线载波(Power Line Carrier—PLC)通信,是指利用高压电力线(在电力载波领域通常指35kV及以上电压等级)、中压电力线(指10kV电压等级)或低压配电线(380V/220V用户线)作为信息传输媒介进行语音或数据传输的一种特殊通信方式。

电力猫即"电力线通信调制解调器",是通过电力线进行宽带上网的Modem的俗称。使用家庭或办公室现有电力线和插座组建成网络,来连接PC、ADSL Modem、机顶盒、音频设备、监控设备以及其他智能电气设备,来传输数据、语音和视频。它具有即插即用的特点,能通过普通家庭电力线传输网络IP数字信号。

二、电力线通信系统基本原理

在发送时,利用调制技术将用户数据进行调制,把载有信息的高频加载于电流,然后在电力线上进行传输;在接收端,先经过滤波器将调制信号取出,再经过解调,就可得到原通信信号,并传送到计算机或电话机,以实现信息传递。PLC设备分局端和调制解调器,局端负责与内部PLC调制解调器通信并与外部网络连接。在通信时,来自用户的数据进入调制解调器调制后,通过用户的配电线路传输到局端设备,局端将信号解调出来,再转到外部的互联网。

具体的电力线载波双向传输模块的设计思想为:由调制器、振荡器、功放、T/R转向开关、耦合电路和解调器等部分组成传输模块,其中振荡器是为调制器提供一个载波信号。在发射数据时,待发信号从TXD端发出后,经调制器进行调制,然后将已调信号送到功放级进行放大,再经过 T/R转向开关和耦合电路把已调信号加载到电力线上。接收数据时,发射模块发送出的已调信号通过耦合电路和T/R 转向开关进入解调器,经解调器解调后提取原始信号,并将原始信号从RXD 端送到下一级数字设备中。

三、电力线通信系统标准

在欧洲标准CENELEC EN50065中定义的供电网络中,使用电力线通信的频率范围是9～140kHz,见表3-6。CENELEC标准与美国和日本的有关标准有着明显的不同。美国和日本有关标准定义的PLC应用的频率范围可以到500kHz。

表3-6 CENELEC所规定的电力线通信的频带范围

频 带	频率范围/kHz	最大传输幅度/V	用 户 类 型
A	9～95	10	电力设施
B	95～125	1.2	家庭
C	125～140	1.2	家庭

CENELEC规范能够提供最高为几千比特每秒的数据传输速率,能够支持某些计量功能(如对一个电力网络的负荷进行管理和远端抄表)、极低数据传输速率的传输和若干路语音通

道。但为了支持现代通信网络的各种应用，PLC系统必须能够提供超过2Mbit/s的数据传输速率。只有满足这个基本要求，PLC网络才有可能与其他技术进行竞争。为了提供更高的数据传输速率，PLC传输系统必须工作在最高频率为30MHz的范围内。

四、电力线通信系统接入网

低压配电网通常包括一个变压器单元和若干根经过电表（M）连接终端用户的供电电缆，低压网络中电力线传输系统采用低压电力线作为传输介质，实现PLC接入网。

低压配电网络通过变压器单元与中高压网络连接，如图3-110所示。PLC接入网则通过通常放置在变压器单元内的基/主站（BS）与广域网连接。许多电力供应商都有自己的专用通信网用于连接各个变压器单元，这些电力供应商的专用通信网实际上都可以作为骨干网使用。如果实际情况并非如此，则变压器单元可以与常规的电信网相连接。

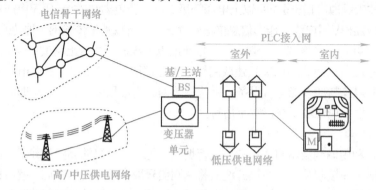

图3-110 PLC接入网的结构

与骨干网络的连接还可以在一个用户或者街边的配电箱等处来实现，特别是有安装的便利条件时（比如街边配电箱附近正好有通信电缆）。无论何种情况下，来自骨干网络的通信信号都必须通过适当转换，转换为适于在低压配电网络传送的通信信号。这种转换是在PLC系统的主/基站完成的。

PLC的用户通过位于电表附近或者内部电网电源插座上的PLC调制解调器实现网络连接。调制解调器将接收到的来自PLC网络的信号转换成常规通信系统所能够处理的标准信号。在用户端通常可以获得包括以太网或者ISDNS0在内的标准通信接口。第一种连接方式，一个房屋或者一栋楼内的用户通过诸如DSL、WLAN等其他通信方式与电表附近的PLC调制解调器相连；第二种连接方式，室内的电力线被用来作为传输的介质，即室内PLC方案。通过这两种方法，房屋内部的各种通信设备就能与PLC接入网连接起来。

1. 室内PLC网络

室内PLC系统（指全部在房屋内）使用房子内部的电力线作为传输介质，将房屋内的电话、计算机、打印机、视频设备等常用电器连接起来实现一个PLC的局域网；采用同样的方法能够在小办公室中实现一个PLC的局域系统。室内PLC技术是一个非常可行的技术方案，它能够实现许多终端设备之间的网络连接，这一特点对于那些没有合适的内部通信网络设施的老房子和大楼而言是非常具有吸引力的。

2. PLC网络单元

PLC网络使用供电网作为传输介质传输不同种类的信息并提供各类通信和自动控制服务。由于通信信号只有转换成适合供电网络传输的信号格式才能进行可靠传输，PLC网络包含了一些特定的

网络单元以确保信号格式的转换和信号在供电网络中的可靠传输。这些特定的网络单元主要有：

1）基本网络单元。主要作用是完成信号的产生和变换，使得信号能够通过电力线传输并被接收。每个PLC接入网包含两类设备：PLC调制解调器（PLC Modem）和PLC主/基站（PLC Master/Base Station）。

2）中继器。中继器将整个PLC接入网分成若干个网段，每一段都在PLC接入系统的有效距离内。每一个网段之间通过频带分割或者时间分割的方法相互隔离。使用中继器能够有效延长PLC技术所能提供覆盖的网络距离，但同时也会因为其设备及安装费用而提高网络成本。因此，PLC接入网中所使用的中继器的数目应尽可能少。

3）PLC网关。PLC用户通过墙上的电源插座实现与PLC接入网相连接的方式有两种：直接连接和通过一个网关的间接连接。网关用于将PLC接入网和室内PLC网络分割成两个部分，它同样也承担了将传输信号在接入和室内应用时所规定的不同频率段间进行转换的任务。

五、电力线通信系统的网络特性

PLC网络是以低压配电网络作为传输介质的。低压网络的特点由该网络的拓扑结构和其用作通信传输介质的特性共同决定。另一方面，PLC接入网会像天线一样产生电磁辐射，从而干扰工作于2～30MHz频率范围内的其他通信业务。因此，PLC系统所允许传输的信号功率受到限制，这使得它对干扰非常敏感。PLC系统受到的干扰有的来自低压配电网络周围环境，还有的来自低压配电网络自身。

PLC接入网的拓扑特性由作为传输介质的低压配电网络的拓扑特性决定。然而，PLC接入网可以采用不同的方式实现，如将基站旋转于网络的不同位置、采用不同的网络分隔方式等，这样它的运行方式也将有所不同。

低压网络拓扑结构复杂，网络之间有很大的不同。这些不同之处来源于网络的参数值，如用户密度、用户行为以及连接的电器等。通常可以得出结论，低压配电网，也包括室内部分，物理上呈树形拓扑结构。但是在逻辑上PLC接入网可以当作总线网络，使用共享传输介质。

任务2 电力线通信系统工程布线

任务描述

电力线通信系统（PLC）通过利用传输电流的电力线作为通信载体，相比传统的通信网络，最大的优势在于不需要额外布线，从而降低了成本。因此，电力线通信系统的布线即为传统的有线电力系统的布线。

任务目标

了解PLC布线缆线的选用原则；掌握PLC布线的设计规范及施工技术要点。

任务实施

一、缆线的选用

PLC网络的有线传输缆线主要采用铜芯线和铝芯线，在家用的电力线系统中，一般采用RV缆线（铜芯聚氯乙烯绝缘软线）、RVV缆线（铜芯聚氯乙烯绝缘聚氯乙烯护套软线）、BV缆线（单芯铜芯聚氯乙烯绝缘硬线）、BVV缆线（铜芯聚氯乙烯绝缘聚氯乙烯护套圆型护套线）等。

导线的安全载流量关系到供电可靠性，导线截面积选择正确与否关系到线路的安全，能否有效避免事故。首先需要查找电工手册和有关书籍，通过计算确定负荷电流后，进行查表得出导线的截面积。

二、缆线的连接

1. 直接相连

常用的连接方法有绞合连接、紧压连接、焊接等。连接前应小心地剥除导线连接部位的绝缘层，注意不可损伤芯线。

2. 通过端子相连

可以通过接线柱进行连接，接线柱是最基本的接头，其性能最为可靠；也可以通过栅板式接线端子（又称接线端子排）连接，是机电系统内分部件和控制用永久接线的首先接线配件。

三、PLC布线方法

1. 设计原则

PLC布线应根据线路要求、负载类型、场所环境等具体情况，设计相应的布线方案，采用适合的布线方式和方法，一般应遵循以下原则。

1）选用符合电气性能和机械性能要求的导线。

2）尽量避免布线中的接头。

3）布线应牢固、美观。

室内电力线的线路敷设方式有明线敷设和暗线敷设两种。采用明线敷设时，导线沿建筑物或构筑物的墙壁、天花板、行架和梁柱等表面敷设；采用暗线敷设时，导线在地面、楼板、顶棚和墙壁泥灰层下面敷设。

2. 施工安装要求

在PLC布线时，电力线路的安装一般要遵循以下要求：

1）室内强、弱电布线均应穿管敷设，严禁将导线直接敷设在墙里、抹灰层中、吊顶及护墙板内。采用单股铜芯导线，PVC电线管壁厚度不小于1.2m。

2）导线穿墙敷设时，要用瓷管或硬质塑料管保护，管内两端出线口伸出墙面的距离应不小于10m。

3）为了确保安全用电，室内线路与各种工艺管道之间的最小距离要符合相关技术规范。

4）线路安装时要美观，明配敷设时，要求配线横平竖直、排列整齐、支持物挡距均匀、位置适宜，并应尽可能沿建筑物平顶线脚、横梁、墙角等隐蔽处敷设。

5）通电试验，全面验收。

3. 施工主要工序

1）根据图样确定导线敷设的路径和敷设高度，并在建筑物上画出走向色线。在土建抹灰前，将全部的固定点打孔，埋好支持件。

2）装设绝缘支持物、线夹、支架和保护管，再敷设导线。做好导线连接、分支和封端剥线，并将电气出线端子与电气设备连接。

3）检验线路安装质量，检查线路外观，测量线路绝缘电阻是否符合要求，有无断路和短路。

任务3 电力线缆线端接

任务描述

在仿真电力线通信系统实训设备上完成电工线路端接。

任务目标

了解仿真电力缆线端接实训设备的操作方法，掌握电力缆线端接方法。

任务实施

一、电力缆线端接设备、材料和工具

选用上海"企想"电工配线端接实训装置1套；上海"企想"电工配线端接实训材料包1套；上海"企想"智能化系统工具箱1套。

二、电力线缆线端接

1. 端接设备

上海"企想"电工配线端接实训装置如图3-111所示。该设备为交流220V电源输入，设备接线柱和指示灯的工作电压≤12V直流安全电压，适合电工端接基本技能训练。

图3-111 上海"企想"电工配线端接实训装置

2. 端接步骤

（1）多芯软线（RV线）端接

1）用电工剥线钳，剥去电线两端的护套。

2）将多线芯用手沿顺时针方向拧紧成一股。

3）将软线两端分别在接线柱上缠绕1周以上，固定在接线柱中，缠绕方向为顺时针，然

后拧紧接线柱。

（2）单芯硬线（BV线）端接

1）用电工剥线钳或电工刀，剥去电线两端的护套。

2）用尖嘴钳弯曲导线接头，将线头向左折，然后紧靠螺杆顺时针方向向右弯。

3）将导线接头在螺杆上弯成环状，然后拧紧接线柱。

（3）香蕉插头端接

1）拧去香蕉插头的绝缘套，将固定螺钉松动。

2）用电工剥线钳，剥去电线两端的护套，将多线芯沿顺时针方向拧紧成一股。

3）将导线接头穿入香蕉插头尾部接线孔，拧紧固定螺钉，装上绝缘套。

4）将接好的香蕉插头插入上下对应的接线柱香蕉插座中。

（4）端接测试

1）每根电线端接可靠和位置正确时，上下对应的接线柱指示灯同时反复闪烁。

2）电线一端端接开路时，上下对应的接线柱指示灯不亮。

3）某根电线端接位置错误时，上下错位的接线柱指示灯同时反复闪烁。

4）某根电线与其他电线并联或串联时，上下对应的接线柱指示灯反复闪烁。

三、电力线缆线端接实训报告

记录每条压接线路通断情况；比较绝缘冷压端子和非绝缘冷压端子的应用有何不同。

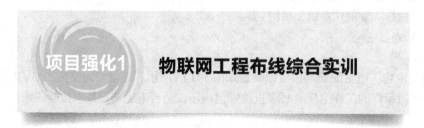

项目强化1　物联网工程布线综合实训

任务描述

物联网综合布线实训项目是通过完成物联网工程、物联网应用等专业课教学实训任务，开展"工学结合"和"任务驱动型"教学与实训活动。

开展物联网工程布线技术实训，能更好地提高学生实践经验和动手能力，毕业后能够从事物联网工程布线项目的设计、预算、施工、监理、维护和管理等专业技术工作。

综合实训项目内容按照2014年6月在天津举行的全国职业院校（中职组）技能大赛"网络布线"项目试题进行。

项目目标

通过本项目的学习，考察学生理解和掌握物联网工程布线专业知识的程度，提高物联网工程布线设计能力及工程实施实际操作能力。

任务实施

一、实训要求

实训项目采用3人一组为一个施工团队，按照项目要求，在规定的时间内完成项目施工。

1）按照现行布线标准，依据项目要求进行网络综合布线工程设计。

2）模拟建筑物、住宅和写字楼等信息网络布线的典型应用案例，进行网络双绞线电缆的布线安装与端接，包括网络双绞线电缆跳线制作，网络机柜安装，PVC线管和线槽安装，各种网络双绞线电缆永久链路搭建与安装，进行信息插座和RJ-45网络模块安装与端接，进行RJ-11语音模块安装与端接，进行网络配线架、通信跳线架的安装与端接，进行电视系统布线安装与端接，进行信息点和端口编号与标签管理。

3）进行光缆链路安装与熔接，包括各种光纤配线架安装、光纤耦合器安装、光缆开缆与光纤熔接、光纤配线架内盘纤与固定。

4）进行网络综合布线永久链路的质量检测，模拟常见故障的诊断和故障分析。

二、实训设备及实训平台，具体清单见表3-7

表3-7 实训设备及实训平台清单

序 号	类 别	设备名称	厂 商	型 号	单 位	数 量
1	硬件	钢制实训墙组	上海企想	QX-Z-PAWA	面	5
2	硬件	光纤性能测试实训装置	上海企想	QX-Z-GQZA	套	1
3	硬件	光纤性能测试实训装置	上海企想	QX-Z-GQZB	台	1
4	硬件	不锈钢工作台	上海企想	QX-Z-GZT	张	1
5	硬件	综合布线工具箱	上海企想	QX-Z-PNTP	套	1
6	硬件	光纤工具箱	上海企想	QX-Z-PNTG	套	1
7	硬件	电动工具箱	上海企想	QX-Z-PNTD	套	1
8	硬件	熔接机	上海企想	QX-Z-DJY3000	台	1
9	硬件	人字梯	上海企想	QX-Z-TZ	个	1
10	硬件	网线	国产	国产	箱	1
11	硬件	光纤	国产	国产	m	20
12	硬件	25对大对数缆线	国产	国产	m	20
13	硬件	铜轴电缆	国产	国产	m	20
14	附材	配套附材（底盒、面板、模块、线管、线槽等）	国产	国产	台	1

三、实训内容参照2014年全国职业院校（中职组）"网络布线"竞赛题

项目强化2 智能家居系统综合实训

任务描述

智能家居实训项目是通过完成物联网智能家居安装与维护教学实训任务，开展"工学结合"和"任务驱动型"教学与实训活动。

开展物联网智能家居工程技术实训，能更好地提高学生实践经验和动手能力，毕业后能够从事物联网智能家居工程布线项目的设计、预算、施工、监理、维护和管理等专业技术工作。

综合实训项目内容按照2014年6月在天津举行的全国职业院校（中职组）技能大赛"智能家居安装维护"项目试题进行。

任务目标

通过本项目的学习，考察学生理解和掌握物联网智能家居布线系统专业知识的程度，提高物联网智能家居系统工程布线设计能力及工程实施实际操作能力。

任务实施

一、实训要求

完成传感器设备和执行控制设备的连接与配置、无线网络的搭建与调试、数据的采集与执行设备的控制，使其根据传感器采集的数据并和设置的阀值条件比较后对执行设备进行智能控制。

二、实训设备及实训平台，具体清单见表3-8

表3-8　实训设备及实训平台清单

序　号	设备类别	名　　称	型号规格	单　位	数　量
1	硬件	智能家居安装维护操作台 智能家居电器安防管理套件 智能书架/冰箱管理系统套件 智能家居生态园艺套件 智能书架/冰箱管理软件 智能家居生态园艺管理软件		套	1
2	硬件	智能家居样板操作间		套	1
3	硬件	智能网关		套	1
4	硬件	环境监测套件	企想QX-IHIM-2	套	1
5	硬件	智能家居套件		套	1
6	硬件	智能家居移动应用开发套件		套	1
7	软件	无线传感网实验平台软件v1.4		套	1
8	软件	智能家居演示平台软件v1.4		套	1
9	软件	智能网关控制平台v1.4		套	1
10	软件	智能家居样板操作间控制平台v1.4		套	1
11	软件	智能家居移动应用开发控制平台v2.0		套	1

三、实训内容参照2014年全国职业院校（中职组）"智能家居安装维护"竞赛题

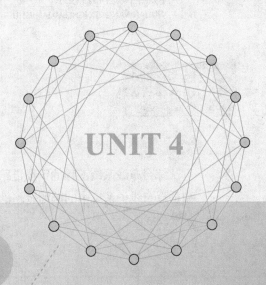

UNIT 4

学习单元4

物联网综合布线系统测试
与验收

单元概述

　　物联网工程的设计好坏直接决定着网络整体性能的好坏，而物联网工程的测试和验收是网络施工质量的保证。本单元就针对用户的需求，了解物联网综合布线系统测试的标准和类型，完成电缆信道的测试；做好物联网综合布线验收各个阶段的内容。

　　通过本单元的学习和操作，掌握物联网综合布线系统的设计、测试、验收需要的专业知识和操作技能，了解在工作场景下系统设计、测试和验收的工作流程和经验，并体会小组成员间分工协作给项目施工带来的重要影响和意义。

学习目标

- 了解物联网综合布线系统测试与验收的概念
- 掌握物联网综合布线中铜缆的测试方法
- 掌握物联网综合布线中光纤的测试方法
- 了解物联网综合布线的验收内容
- 学会编制物联网综合布线系统的竣工技术文档

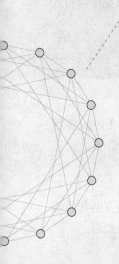

项目1　铜缆链路测试

项目描述

综合布线系统工程的铜缆链路测试主要针对工作区子系统、水平布线子系统和垂直布线子系统中的铜缆链路部分测试和铜缆跳线测试。当前主要的测试对象是双绞线。

项目目标

掌握铜缆测试技术，完成基本的铜缆测试。

任务　测试双绞线链路

任务描述

在综合布线系统中工作区子系统和水平子系统链路广泛使用cat 5e双绞线作为传输介质，完成铜缆链路测试，是对综合布线系统工程施工的有力保障。

任务目标

通过了解和使用综合布线系统的测试工具，掌握常用测试参数的技术指标，掌握综合布线系统中铜缆的测试方法，并能对测试参数进行分析。

任务实施

一、综合布线系统的测试

1. 测试工具

在综合布线施工和测试过程中一般都要用到一些测试工具，如多功能测线仪、Fluke测线仪、光纤综合测试仪等，如图4-1所示。

2. 电缆的两种测试

（1）电缆的验证测试

电缆的验证测试是测试电缆的基本安装情况。在综合布线工程的施工过程中，常见的连接故障是电缆标签错误、连接开路、双绞电缆接线图错误（如错对、极性接反、串绕等）以及短路。

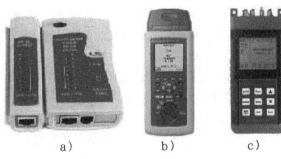

图4-1　综合布线测试工具

a）多功能测线仪　b）Fluke测试仪　c）光纤综合测试仪

1）开路和短路。开路是指不能保证电缆链路一端到另一端的连通性；短路通常为插座中不止一个插针连在同一根铜线上。

2）反接。同一对线在两端针位接反的错误，如一端为1-2，另一端为2-1。

3）错对。在双绞线布线过程中必须采用统一标准TIA/EIA 568 A或TIA/EIA 568 B，如果两条缆线连接时一条缆线的1-2接在另一条缆线的3-6针上，则形成错对。

4）串绕。串绕就是将原来的两对线分别拆开而又重新组成新的线对。

（2）电缆的认证测试

电缆认证测试是指电缆除了正确的连接以外，还要满足有关标准，即安装好的电缆的电气参数（如衰减、NEXT等）是否达到有关规定所要求的标准。

3．综合布线系统的测试内容

1）工作间到设备间的连通状况。

2）主干线的连通状况。

3）跳线测试。

4）信息传输速率、衰减、距离、接线图、近端串扰等参数的测试。

4．双绞线的测试技术

（1）超5类双绞线的测试参数

1）接线图（Wire Map）：检查接线方式是否符合规范，常见的错误接线方式：开路（断路）、短路、反向、交错、分叉线对以及其他错误。

2）长度（Length）：对铜缆长度进行的测量应用了一种称为TDR（时间域反射测量）的测试技术。测试仪从铜缆一端发出一个脉冲波，在脉冲波行进时如果碰到阻抗的变化，如开路、短路或不正常接线时，则会将部分或全部的脉冲波能量反射回测试仪。

3）衰减（Insertion Loss）：电信号强度会随着电缆长度而逐渐减弱，这种信号减弱就称为衰减。它是以负的分贝数（dB）来表示的。数值越大表示衰减量越大，衰减值越小越好。

4）近端串扰（NEXT）：近端串扰是指在与发送端处于同一边的接收端处所感应到的从发送线对感应过来的串扰信号。NEXT隔离度用dB表示，NEXT隔离度越大，表示感应到其他线对上的干扰信号越小，隔离程度越高，电缆质量也就越好。

5）近端串扰功率和（PS NEXT）：表示在线对数大于4对的电缆中，所有的干扰线对与受扰线对间的NEXT值之和。同样PS NEXT越大越好。

6）远端串扰（FEXT）：表示信号从远端的发送器耦合进入邻近线对内，所产生的在近端测量的串扰。FEXT隔离度用dB表示。同样FEXT隔离度越大，电缆质量也就越好。

7）等级远端串扰（ELFEXT）：与FEXT基本相同，不同点在于ELFEXT中远端感应的信号是相对于别的线对上的信号经过衰减后到达远端的信号。ELFEXT隔离度用dB表示。同样ELFEXT隔离度越大，电缆质量也就越好。

8）等电平远端串扰（PS ELFEXT）：PS ELFEXT与PS NEXT一样，考虑多线对间的影响，同样PS ELFEXT值越大越好。

9）回波损耗（RL）：是由于阻抗失配所引起的一种能量反射的测量。

10）传播延迟（Propagation Delay）：指一个信号从电缆一端传到另一端所需要的时间，传播延迟值越小越好。

（2）永久链路测试与信道链路测试

永久链路测试一般是指从配线架上的跳线插座算起，到工作区墙面板插座位置，对这段链路进行的物理性能测试，如图4-2所示。

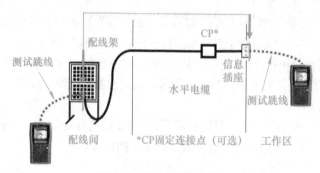

图4-2　永久链路测试图

信道测试一般是指从交换机端口上设备跳线的RJ-45水晶头算起，到服务器网卡前用户跳线的RJ-45水晶头结束，对这段链路进行的物理性能测试，如图4-3所示。

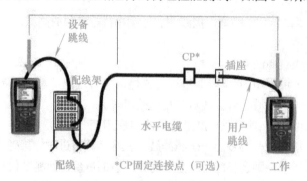

图4-3　信道测试图

二、使用Fluke DTX1800K进行双绞线跳线测试

Fluke测试仪测试链路的基本操作程序是：安装测试适配器（信道或永久电路），开机，选择测试标准，测试，保存数据，测试下一条链路。使用计算机读出测试仪中保存的结果（使用随机携带的LinkWare软件），打印测试报告等。

1. 安装测试适配器

将测试跳线（双绞线）的RJ-45适配器连接至测试仪以及智能远端，连接被测试跳线，如图4-4所示。

图4-4　安装适配器及连接跳线

2. 开机

按下主测仪右下角的电源开关键，此时测试仪会启动自检。

3. 设置

将旋转开关调整到setup档，然后选择"双绞线"，如图4-5所示。

a)　　　　　　　　　　　　　b)

图4-5　设置

a）设置测试线型　b）选择测试线型

在双绞线选项卡中按<ENTER>键设置以下选项值：缆线类型，选择一个缆线类型列表，然后选择要测试的缆线类型；测试极限，选择执行任务所需要的测试极限值，屏幕会显示最近使用的9个极限值。按<F1>键来查看其他极限值列表。

4. 测试

将旋转开关转至AUTOTEST（自动测试），将测试仪缆线插入适配器的接口中，按下测试仪或智能远端的<TEST>键，测试仪会对链路进行测试，如图4-6所示。如果要停止测试，则可以按<EXIT>键。

图4-6　测试缆线

5. 查看数据

测试完毕以后，可以查看测试的数据。测试通过的结果如图4-7所示。选择具体的项目，按<ENTER>键，可查看具体的单项数据，如图4-8所示。

图4-7 测试通过的结果　　　　　　图4-8 连接图单项测试通过结果

测试未通过的结果如图4-9所示。选择具体的项目，按<ENTER>键，可查看具体的单项数据，如图4-10所示。

图4-9 测试未通过的结果　　　　　　图4-10 连接图单项测试未通过结果

6. 保存数据

要保存测试结果，可以按<SAVE>键，选择或建立一个缆线标识码，然后再按一次<SAVE>键保存数据。

7. Fluke测试数据的导出

测试报告的生成

测试报告可以使用Fluke公司的LinkWare电缆测试管理软件生成。LinkWare电缆测试管理软件支持EIA/TIA 606A标准，允许添加EIA/TIA 606A标准管理信息到LinkWare数据库。该软件可以帮助组织、定制、打印和保存Fluke系列测试仪的铜缆和光缆记录，并配合LinkWare Stats软件生成各种图形测试报告。

使用LinkWare电缆测试管理软件管理测试数据并生成测试报告的步骤为：

1）安装LinkWare电缆测试管理软件，如图4-11所示。

2）Fluke测试仪通过RS-232串行接口或USB接口与PC相连，如图4-12所示。

3）导入测试仪中的测试数据。

例如，要导入DTX-LT电缆分析仪中存放的数据，则在LinkWare软件窗口中，选择File→Import from→DTC Cable Analyzer命令，如图4-13所示。

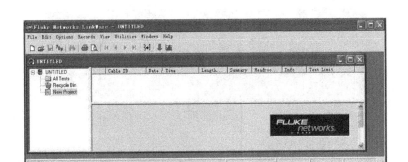

图4-11　LinkWare界面

图4-12　Fluke测试仪通过USB接口与PC相连

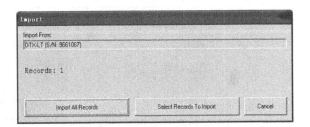

图4-13　导入数据

4）导入数据后，可以双击某测试数据记录，查看其数据情况，如图4-14所示。

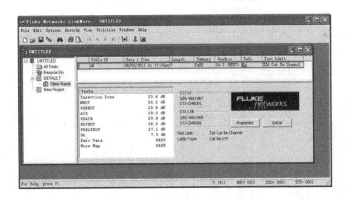

图4-14　测试数据的主窗体

5）生成测试报告。

测试报告有两种文件格式：ASCII文本文件格式和Acrobat Reader的PDF格式。要生成PDF格式的测试报告，具体步骤如下。

① 首先选择生成测试报告的记录范围，单击PDF按钮，弹出对话框提示选择的记录范围，如图4-15所示。

② 在弹出的对话框内，输入保存PDF文件的名称，单击保存按钮后，即生成了全部记录的测试报告。图4-16所示为通过检测的报告。

图4-17所示为未通过检测的报告。

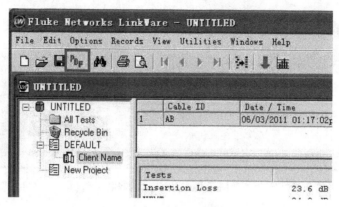

图4-15　存储为PDF文件

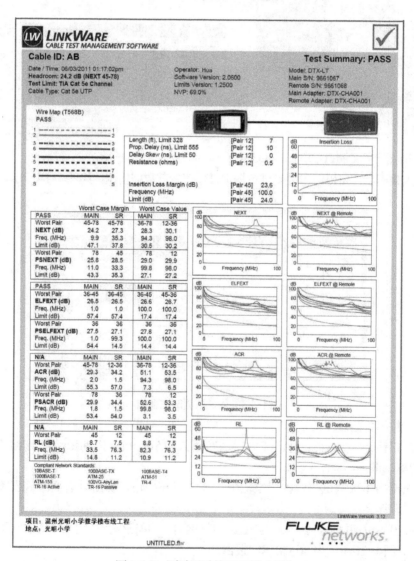

图4-16　测试通过的PDF格式报告

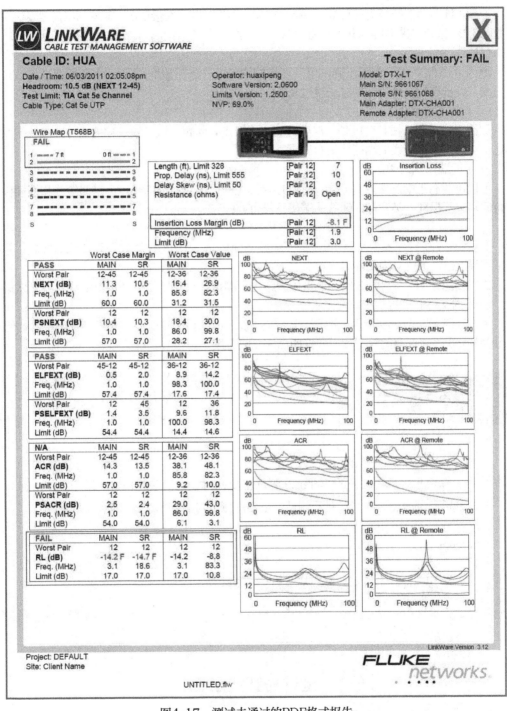

图4-17　测试未通过的PDF格式报告

8. 测试报告错误信息分析

对双绞线进行测试时，可能产生的问题有接线图未通过、长度未通过、衰减未通过、近端串扰未通过，也有可能会因为测试仪的问题造成测试错误。

（1）接线图未通过

原因可能有两端的接头有断路、短路、交叉、破裂开路；跨接错误。某些网络需要发送端和接收端跨接，当为这些网络构筑测试链路时，由于设备线路的跨接，使测试接线图出现交叉。

（2）长度未通过

原因可能有NVP设置不正确，可用正常的线确定并重新校准NVP；实际长度过长；开路或短路；设备连线及跨接线的总长度过长。

（3）衰减未通过

原因可能有双绞线长度过长；温度过高；连接点有问题；链路缆线和接插件性能有问题或不是同一类产品；缆线的端接质量有问题。

（4）近端串扰未通过

原因可能有近端连接点有问题；远端连接点短路；串对；外部噪声；链路缆线和接插件性能有问题或不是同一类产品；缆线的端接质量有问题。

三、练一练

1）每名学生制作一根长2m以上的双绞线，使用超5类的标准测试该双绞线的参数，并将测试结果以自己的姓名为文件名保存。

2）在学校的校园网内选择一个永久链路进行测试，注意需要更换接口跳线，将测试结果以"CS"为文件名进行保存。

3）将测试的结果导出，把Fluke测试仪使用缆线与一台计算机连接起来，使用LinkWare软件将保存的数据读出并打印出来（或截图）。

项目2 光纤链路测试

项目描述

综合布线系统工程的光纤链路测试主要针对垂直子系统和建筑群子系统中的光缆链路部分测试和光纤跳线测试。主要的测试对象是单模光纤或多模光纤。

项目目标

掌握光纤测试技术，完成基本的光纤测试。

任务 测试光纤链路

任务描述

光纤的现场工程测试分一级测试（tier 1）和二级测试（tier 2），一级测试是用光源和

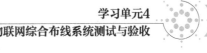

光功率计测试光纤的衰减值，并依据标准判断是否合格，附带测试光纤的长度，二级测试是"通用型"测试和"应用型"测试。主要是测试光纤的衰减值和长度是否符合标准规定的要求，一次性判断安装的光纤链路是否合格。

任务目标

通过了解和使用综合布线系统的测试工具，掌握常用测试参数的技术指标，掌握综合布线系统中光缆的测试方法，并能对测试参数进行分析。

任务实施

一、光纤链路测试工具

综合布线工程中，用于光缆的测试设备也有多种，其中，Fluke系列测试仪上就可以通过增加光纤模块实现。这里主要介绍OptiFiber多功能光缆测试仪，如图4-18所示。

图4-18　多功能光缆测试仪界面

FiberInspector光缆端截面检查器可直接检查配线架或设备光口的端截面，比传统的放大镜快10倍，同时也可以避免眼睛直视激光造成眼睛伤害，如图4-19所示。

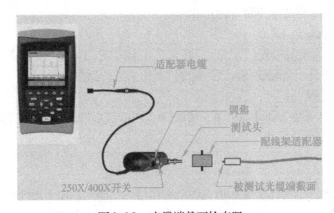

图4-19　光缆端截面检查器

二、光纤链路测试标准

目前光纤链路现场测试标准分为两大类：光纤系统标准和应用系统标准。

1. 光纤系统标准

光纤系统标准是独立于应用的光纤链路现场认证测试标准。对于不同光纤系统它的测试极限值是不固定的，它是基于电缆长度、适配器和接合点的可变标准。目前大多数光纤链路现场认证测试使用这种标准。世界范围内公认的标准主要有北美地区的EIA/TIA 568 B标准和国际标准化组织的ISO/IEC 11801标准。EIA/TIA 568 B和ISO/IECIS 11801推荐使用62.5μm/125μm多模光缆、50μm/125μm多模光缆和8.3μm/125μm多模光缆。

2. 应用系统标准

光纤应用系统标准是基于安装光纤的特定应用的光纤链路现场认证测试标准。每种不同的光纤通信系统的测试标准是固定的。常用的光纤应用系统有100Base FX、1000Base SX、1000Base LX、ATM等。

三、光纤链路测试方法

1. 光纤链路测试模型（见图4-20）

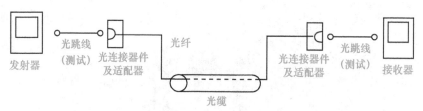

图4-20　光纤链路测试模型

2. 测试对象

光缆可以为水平光缆、建筑物主干光缆和建筑群主干光缆。光连接器件可以为工作区TO、电信间FD、设备间BD、CD的SC、ST、SFF 连接器件。

3. 测试步骤

1）将FLUKE-DTX设备的主机和远端机都接好FTM测试模块。

2）设备主机接在控制室光纤配线架，远端机接入到大楼光纤配线架的信息点进行测试。

3）设置FLUKE-DTX主机的测试标准，将旋钮旋至"SETUP"，先选择测试缆线类型为"Fiber"，再选择测试标准为"Tier2"。

4）接入测试缆线接口。

5）缆线测试，将旋钮旋至"AUTO TEST"，按<TEST>键，设备将自动测试缆线。

6）保存测试结果，直接按<SAVE>键即可对结果进行保存。

4. 分析测试数据

通过数据线将结果导入到计算机中，使用LinkWare软件即可查看相关结果。

知识拓展

光纤链路现场认证测试

对于光纤系统需要保证的是在接收端收到的信号应足够大，由于光纤传输数据时使用的是光信号，所以它不产生磁场，也就不会受到电磁干扰（EMI）和射频干扰（RFI），不需要对NEXT等参数进行测试，所以光纤系统的测试不同于铜导线系统的测试。

在光纤的应用中，光纤本身的种类很多，但光纤及其系统的基本测试参数大致都是相同的。在光纤链路现场认证测试中，主要是对光纤的光学特性和传输特性进行测试。光纤的光学特性和传输特性对光纤通信系统的工作波长、传输速率、传输容量、传输距离和信号质量等有重大影响。但由于光纤的色散、截止波长、模场直径、基带响应、数值孔径、有效面积、微弯敏感性等特性不受安装方法的有害影响，它们应由光纤制造厂家进行测试，不需进行现场测试。在EIA/TIA 568 B中规定光纤通信链路现场测试所需的单一性能参数为链路损失（衰减）。

1．光功率的测试

对光纤工程最基本的测试是在EIA的FOTP-95标准中定义的光功率测试，它确定了通过光纤传输的信号的强度，这是损失测试的基础。测试时把光功率计放在光纤的一端，把光源放在光纤的另一端。

2．光学连通性的测试

光纤通信系统的光学连通性表示光纤通信系统传输光功率的能力。通过在光纤通信系统的一端连接光源，在另一端连接光功率计，通过检测到的输出光功率可以确定光纤通信系统的光学连通性。当输出端测到的光功率与输入端实际输入的光功率的比值小于一定的数值时，认为这条链路光学不连通。

3．光功率损失测试

光功率损失这一通用于光纤领域的术语代表了光纤通信链路的衰减。衰减是光纤通信链路的一个重要的传输参数，它的单位是分贝（dB）。它表明了光纤通信链路对光能的传输损耗（传导特性），其对光纤质量的评定和确定光纤通信系统的中继距离起到决定性的作用。光信号在光纤中传播时，平均光功率延光纤长度方向成指数规律减少。在一根光纤网线中，从发送端到接收端之间存在的衰减越大，两者间可能传输的最大距离就越短。衰减对所有种类的网线系统在传输速度和传输距离上都产生负面的影响，但因为光纤传输中不存在串扰、EMI、RFI等问题，所以光纤传输对衰减的反应特别敏感。

光功率损失测试实际上就是衰减的测试，它测试的是信号在通过光纤后的减弱。光纤比铜缆更能抵制衰减，但即使网络没有使用非常长的光纤传输，仍然存在着显著的损失，这不是光纤本身的问题，而是安装时所作的连接的问题。光功率损失测试验证了是否正确安装了光纤和连接器。光功率损失测试的方法类似于光功率测试，只不过是使用一个标有刻度的光源产生信号，使用一个光功率计来测量实际到达光纤另一端的信号强度。光源和光功率计组合后称为光损失测试器（OLTS）。

测试过程首先应将光源和光功率计分别连接到参照测试光纤的两端，以参照测试光纤作为一个基准，对照它来度量信号在安装的光纤路径上的损失。在参照测试光纤上测量了光源功率之后，取下光功率计，将参照测试光纤连同光源连接到要测试的光纤的另一端，而将光功率计连到另一端。测试完成后将两个测试结果相比较，就可以计算出实际链路的信号损失。这种测试有效地测量了在光纤中和参照测试光纤所连接的连接器上的损失量。

对于水平光纤链路的测量仅需在一个波长上进行测试，这是因为由于光纤长度短（小于90m），因波长变化而引起的衰减是不明显的，衰减测试结果应小于2.0dB。对于基干光纤链路应以两个操作波长进行测试，即多模基干光纤链路使用850nm和1300nm波长进行测试，单模基干光纤链路使用1310nm和1550nm波长进行测量。1550nm的测试能确定光纤是否支持波分复用，还能发现在1310nm测试中不能发现的由微小的弯曲所导致的损失。由于在基干光纤链路现场测试中基干长度和可能的接头数取决于现场条件，所以应使用光纤链路衰减方程式根据EIA/TIA 568 B中规定的部件衰减值来确定验收测试的极限值。

4. 光纤链路预算（OLB）

光纤链路预算是网络和应用中允许的最大信号损失量，这个值是根据网络实际情况和国际标准规定的损失量计算出来的。一条完整的光纤链路包括光纤、连接器和熔接点，所以在计算光纤链路最大损失极限时，要把这些因素全部考虑在内。光纤通信链路中光能损耗的起因是由光纤本身的损耗、连接器产生的损耗和熔接点产生的损耗三部分组成的。但由于光纤的长度、接头和熔接点数目的不确定，造成光纤链路的测试标准不像双绞线那样是固定的，所以对每一条光纤链路测试的标准都必须通过计算才能得出。在EIA/TIA 568 B的光纤标准中，规定了光纤在各工作波长下的衰减率，每个耦合器和熔接点的衰减，这样用以下4个公式就可以计算出光纤链路的衰减极限值：

$$光纤链路衰减=光纤衰减+连接器衰减+熔接点衰减$$
$$光纤衰减=光纤衰减系数（dB/km）×光纤长度（km）$$
$$连接器衰减=连接器衰减/个×连接器个数$$
$$熔接点衰减=熔接点衰减/个×熔接点个数$$

光纤链路损失的原因如图4-21所示，ANSI EIA/TIA 568B标准中规定的衰减值见表4-1。

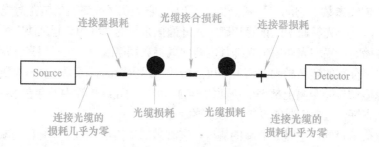

图4-21　光纤链路损失的原因

表4-1　ANSI EIA/TIA 568B标准中规定的衰减值

种　类	工作波长/nm	衰减系数/（dB/km）
多模光纤	850	3.5
多模光纤	1 300	1.5
单模室外光纤	1 310	0.5
单模室外光纤	1 550	0.5
单模室内光纤	1 310	1.0
单模室内光纤	1 550	1.0
连接器衰减		0.75dB
熔接点衰减		0.3dB

项目3 系统验收

项目描述

对物联网系统工程的验收是施工方向用户方移交的正式手续，检查工程施工是否符合设计要求和有关施工规范，也是用户对工程的认可。

项目目标

通过本项目的学习，熟悉物联网布线工程验收的依据和原则，熟悉工程验收的几个阶段，掌握现场物理验收的内容。

任务 物联网工程布线系统的验收

任务描述

物联网工程布线的系统验收要根据一定的规范，不但要从外观上对整个网络布线工程进行验收，还需要对设备安装和缆线布放等隐蔽工程进行验收，并形成规范的验收文档，供用户方保存和查阅。

任务目标

了解物联网工程布线系统验收的依据和原则；了解系统验收的分类与过程；掌握系统工程竣工文档的编制。

任务实施

一、物联网工程布线系统验收的依据和原则

目前，物联网工程布线系统验收并未制定国家统一的标准，一般参照中华人民共和国国家标准《建筑与建筑群综合布线系统工程施工及验收规范》（GB/T 50312—2007）、《信息技术住宅通用布缆》国家标准和中国《居住区数字系统评价标准》（CJ/T 376—2011）中描述的项目和测试过程进行。

二、物联网工程布线系统验收的分类

1. 现场物理验收

现场物理验收需要双方的工程技术人员成立验收小组，主要对工作区子系统、水平子系统、垂直子系统以及设备间、管理间的缆线布放情况进行检查验收。

学习单元1

学习单元2

学习单元3

学习单元4

参考文献

（1）工作区子系统验收

线槽走向、布线是否美观大方，符合规范；信息座是否按规范进行安装。信息座安装是否做到一样高、平、牢固；信息面板是否都固定牢靠；标志是否齐全。

（2）配线子系统验收

线槽安装是否符合规范；槽与槽、槽与槽盖是否接合良好；托架、吊杆是否安装牢靠；水平干线与垂直干线、工作区交接处是否出现裸线；水平干线槽内的缆线有没有固定。

（3）干线子系统验收

干线子系统的验收类似于配线子系统的验收内容，另外还要检查楼层与楼层之间的洞口是否封闭，缆线是否按间隔要求固定，拐弯缆线是否留有孤度。

（4）管理间、设备间子系统验收

检查机柜安装的位置是否正确；规定、型号、外观是否符合要求；跳线制作是否规范，配线面版的接线是否美观整洁。

2. 设备安装验收

物联网工程布线系统设备安装主要涉及机柜的安装、配线架的安装和信息模块的安装等内容。

（1）机柜、配线架的安装要求

在配线间或设备间内通常都安放有机柜（或机架），机柜内主要包括基本柜架、内部支撑系统、布线系统、通风系统。根据实际需要在其内部安装一些网络设备。配线架安装在机柜中的适当位置，一般为交换机、路由器的上方或下方，其作用是水平缆线首先连入配线架模块，然后再通过跳线接入交换机。对于干线系统的光纤要先连接到光纤配线架，再通过光纤跳线连接到交换机的光纤模块接口。

机柜和配线架的验收：在安装机柜时要检查机柜安装的位置是否正确，规格、型号、外观是否符合要求；机柜内的网络设备安装是否有序、合理；跳线制作是否规范，配线面板的界限是否美观、整洁；线序是否合理、清楚，标识是否清晰、明了。

（2）信息模块的安装

工作区的信息插座包括面板、模块、底盒，其安放的位置应当是用户认为使用最方便的位置，一般安放位置在距离墙角0.3m左右，也可以安放在办公桌的相应位置。专用的信息插座模块可以安装在地板上或是大厅、广场的某一位置。

信息模块的验收：信息插座安装的位置是否规范；信息插座、盖安装是否平、直；信息插座、盖是否用螺钉拧紧；标志是否齐全。

3. 缆线的安装与布放的检查验收

（1）缆线和桥架的安装

位置是否符合设计要求；安装是否符合要求；接地是否正确。

（2）线槽的安装要求

桥架及线槽的安装位置应符合施工图规定，左右偏差不应超过50mm；桥架及线槽水平度每米偏差不应超过2mm；垂直桥架及线槽应与地面保持垂直，并且无倾斜现象，垂直度偏差不应超过3mm；线槽截断处及两线槽拼接处应平滑、无毛刺；吊架和支架安装应保持垂直，整齐牢固，无歪斜现象；金属桥架及线槽节与节间应接触良好，安装牢固。

（3）缆线布放

缆线规格、路由是否符合设计要求；缆线两端的标号是否正确，是否贴有标签，标签书写应清晰，标签应使用不易损坏的材质；缆线拐弯处是否符合规范；竖井的线槽、线固定是否牢靠；是否存在裸线。

4. 室外光缆布线

（1）架空布线

架设竖杆位置是否正确；吊线规格、垂度、高度是否符合要求；卡挂钩的间隔是否符合要求。

（2）管道布线

管孔规格、管孔位置是否正确；缆线规格；缆线走向路由；防护设施。

（3）直埋布线

光缆规格是否符合要求；敷设位置和深度；是否设置了防护铁管；回填时复原与夯实。

（4）隧道缆线布线

光缆规格是否符合要求；位置、路由是否合理；设计是否符合规范。

5. 验收文档编制

文档验收主要是检查乙方是否按协议或合同规定的要求，交付所需要的文档。综合布线系统工程的竣工技术资料文件要保证质量，做到外观整洁、内容齐全、数据准确，主要包括以下内容。

1）综合布线系统工程的主要安装工程量，如主干布线的缆线规格和长度、装设楼层配线架的规格和数量等。

2）在安装施工中，一些重要部位或关键段落的施工说明，如建筑群配线架和建筑物配线架合用时，它们连接端子的分区和容量等。

3）设备、机架和主要部件的数量明细表，即将整个工程中所用的设备、机架和主要部件分别统计，清晰地列出其型号、规格、程式和数量。

4）综合布线系统工程中各项技术指标和技术要求的测试记录，如缆线的主要电气性能、光缆的光学传输特性等测试数据。

5）综合布线系统工程中如采用计算机辅助设计，应提供程序设计说明和有关数据，以及操作说明、用户手册等文件资料。

6）直埋电缆或地下电缆管道等隐蔽工程经工程监理人员认可的签证，以及设备安装和缆线敷设工序告一段落时，经常驻工地代表或工程监理人员随工检查后的证明等原始记录。

7）在施工过程中，由于各种客观因素，部分变更或修改原有设计或采取相关技术措施时，应提供建设、设计和施工等单位之间对于这些变动情况的协商记录，以及在施工中的检查记录等基础资料。

三、物联网工程布线竣工文档移交

文档的移交是每一个工程最重要又是容易被忽视的细节，设计科学而完备的文档不仅可以为用户提供帮助，更重要的是为集成商和施工方吸取经验和总结教训提供了可能。工程竣工后，施工方应在工程验收以前，将工程竣工技术资料交给建设方。竣工技术文件要保证质量，做到外观整洁、内容齐全、数据准确。

1. 竣工技术资料的内容

物联网工程布线系统工程的竣工技术资料应包括以下内容：安装工程量；工程说明；设备、器材明细表；竣工图纸；测试记录；工程变更、检查记录及施工过程中如若需要更改设计或采取相关措施，建设、设计、施工等单位之间的双方洽谈记录；随工验收记录；工程决算。

2. 竣工技术资料的要求

物联网工程布线系统工程竣工验收技术文件和相关资料应符合以下要求：第一，竣工验收的技术文件中的说明和图样，必须配套并完整无缺，文件外观整洁，文件应有编号，以利登记归档。第二，竣工验收技术文件最少一式三份，如有多个单位需要或建设单位要求增多份数时，则可以按需要增加文件份数，以满足各方要求。第三，文件内容和质量要求必须保证。做到内容完整齐全无漏、图样数据准确无误、文字图表清晰明确、叙述表达条理清楚，不应有相互矛盾、彼此脱节、图文不清和错误遗漏等现象发生。第四，技术文件的文字页数和其排序顺序以及图样编号等，要与目录对应，并有条理，做到查阅简便，有利于查考，文件和图样应装订成册，取用方便。

项目强化　物联网工程测试综合实训

任务描述

以工程实例为任务引导，完成模拟某智能楼宇的物联网布线工程的测试与验收。

任务目标

掌握物联网布线工程测试与验收的方法和过程。

任务实施

一、项目描述

某网络工程有限公司搬迁到了新址，现要完成新公司的综合布线工程，图4-22所示为公司楼层平面图。请根据公司需求（需求可以根据图样自行虚拟），完成工程设计。假如公司已经完成了公司楼层的综合布线系统施工，先对工程进行测试与验收，设置必要的记录量表。

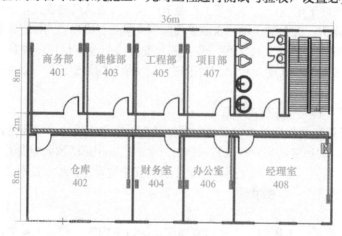

图4-22　某网络公司平面图

二、系统设计

1）根据公司要求，所有点都是数据点，楼层总共设置_____个信息点，安装信息插座。信息插座模块和水平缆线均采用_____缆线。水平主干采用_____（管槽），从_____敷设。信息点安装墙面或隔断离地_____cm，采用_____明装。

配线间设置在_____，安装_____个数据配线架。配线架编号与信息点对应，采用房间号+信息点位置号进行编号。

2）设计公司楼层综合布线系统拓扑图。

3）设计公司楼层信息点与管线布局图。

三、系统测试

使用Fluke测试布线系统的信道链路和永久链路，并设计表格进行记录。

四、系统验收

对综合布线系统进行验收，并设计表格进行记录，见表4-2。

表4-2　综合布线系统安装分项工程质量验收记录

单位（子单位）工程名称		子分部工程	综合布线系统
分项工程名称	系统安装质量检测	验收部位	
施工单位		项目经理	
检测项目（主控项目） （执行本规范第9.2.1～9.2.4条的规定）		检测记录	备　注
1　缆线的弯曲半径			执行《建筑与建筑群综合布线系统工程施工及验收规范》（GB/T 50312—2007）中第5.1.1 条第五款规定
2　预埋线槽和暗管的缆线敷设			执行《建筑与建筑群综合布线系统工程施工及验收规范》（GB/T 50312—2007）中第5.1.2条规定
3　电源线、综合布线系统缆线应分开布放			1）缆线间最小间距应符合设计 2）执行《建筑与建筑群综合布线系统工程施工及验收规范》（GB/T 50312—2007）中第5.1.1条第六款的规定
4　电缆、光缆暗管敷设及与其他管线最小净距			执行《建筑与建筑群综合布线系统工程施工及验收规范》（GB/T 50312—2007）中第5.1.1条第六款的规定
5　对绞电缆芯线终接			执行《建筑与建筑群综合布线系统工程施工及验收规范》（GB/T 50312—2007）中第6.0.2条的规定
6　架空、管道、直埋电缆、光缆敷设			执行《建筑与建筑群综合布线系统工程施工及验收规范》（GB/T 50312—2007）中第5.1.5条的规定
7　机柜、机架、配线架的安装	符合规定		执行《建筑与建筑群综合布线系统工程施工及验收规范》（GB/T 50312—2007）第四节的规定
	色标一致		
	色谱组合		
	线序及排列		
8　信息插座安装	安装位置		执行本规范9.2.4条的规定
	防水防尘		

检测意见：

监理工程师签字：　　　　　　　　　　　　检测机构负责人签字：

（建设单位项目专业技术负责人）

日期：　　　　　　　　　　　　　　　　日期：

参 考 文 献

[1] 崔陵. 网络综合布线 [M]. 北京: 高等教育出版社, 2011.

[2] 王公儒, 王会林, 邹永康等. 网络综合布线系统工程技术实训教程 [M]. 2版. 北京: 机械工业出版社, 2012.

[3] 伍新华, 等. 物联网工程技术 [M]. 北京: 清华大学出版社, 2011.

[4] 吴功宜, 吴英. 物联网技术与应用 [M]. 北京: 机械工业出版社, 2013.

[5] 王志良, 姚红串, 霍磊, 等. 物联网技术综合实训教程 [M]. 北京: 机械工业出版社, 2014.